INVENTAIRE
S 26416

AF609179

ÉTUDES ZOOTECHNIQUES.

DE L'ENTRETIEN & DE L'AMÉLIORATION

DES

ANIMAUX DOMESTIQUES,

PAR

ERNEST DUBOS,

Vétérinaire de l'arrondissement de Beauvais, Professeur de Zootechnie à l'Institut agricole de Beauvais, Secrétaire de la Société d'agriculture de la même ville.

BEAUVAIS,

IMPRIMERIE D'ACHILLE DESJARDINS, RUE SAINT-JEAN.

1864.

Z 1
1864

ÉTUDES ZOOTECHNIQUES.

ÉTUDES ZOOTECHNIQUES.

DE L'ENTRETIEN & DE L'AMÉLIORATION

DES

ANIMAUX DOMESTIQUES,

PAR

ERNEST DUBOS,

Vétérinaire de l'arrondissement de Beauvais, Professeur de Zootechnie à l'Institut agricole de Beauvais, Secrétaire de la Société d'agriculture de la même ville.

BIBLIOTHÈQUE IMPÉRIALE

BEAUVAIS,

IMPRIMERIE D'ACHILLE DESJARDINS, RUE SAINT-JEAN.

1861.

INTRODUCTION.

Tous les êtres vivants, soumis à la puissance de l'homme, sont pour celui-ci des auxiliaires utiles ou agréables. Pendant leur vie, les animaux sont employés comme machines motrices, comme instruments de fabrication ou comme serviteurs, et, nous devons le reconnaître, comme serviteurs intelligents. Après leur mort, nous les transformons soit en matière alimentaire riche en principes nutritifs, soit en matière commerciale dont l'industrie s'empare pour la pétrir à son gré. Si, par suite d'un cataclysme universel, tous les animaux domestiques se trouvaient tout à coup anéantis, l'homme serait placé dans une position très-précaire. Réduit à ne plus pouvoir utiliser que ses propres forces pour cultiver le coin de terre auquel il lui faudrait demander sa subsistance, il succomberait bientôt sous le poids de la fatigue et des besoins non satisfaits. En de telles conditions, l'espèce humaine s'affaiblirait d'abord; elle s'étiolerait et disparaîtrait peu à peu, à son tour, de la surface du globe. Ainsi, non-seulement le bien-être de l'homme ici-bas, mais encore sa vie, sont intimement liés à la présence sur la terre des animaux domestiques. L'agriculture comme l'industrie, c'est-à-dire la société entière, doit s'efforcer de conserver, d'améliorer les races et les espèces animales réduites à l'état de domesticité. Ce fait est si vrai que nous voyons le nombre des bêtes soumises par les soins de l'homme augmenter avec les progrès de la civilisation.

On a lieu de s'étonner, alors qu'on réfléchit aux services que nous rendent les animaux, de voir la France, contrée si richement dotée par la nature, être inférieure à des pays bien moins partagés qu'elle sous le rapport du climat et du sol. Chez nous, le chiffre des êtres vivants rendus domestiques n'est que de 50 à 55 millions. Dans ce nombre, l'espèce chevaline est comprise pour 3 millions; celle du bœuf, pour 10 millions; on compte 36 millions de bêtes ovines; l'espèce porcine n'excède pas 5 millions.

Ce qui étonne plus encore, c'est que ces espèces animales soumises à la dépendance de l'homme ne dépassent pas le chiffre quarante. Ce chiffre est assurément bien faible en comparaison de ce qu'il devrait être.

Bien que l'homme trouve de grands avantages et de grandes ressources dans la domestication des animaux, il semble néanmoins être demeuré en quelque sorte indifférent aux progrès à faire en cette matière. Isidore Geoffroy-Saint-Hilaire, que la mort a trop tôt moissonné, nous apprend que sur trente-cinq espèces animales à peu près que nous possédons en Europe, trente et une ont été conquises sur l'Asie, l'Europe et l'Amérique septentrionale; tout le Nouveau-Monde, l'Australie et la Polynésie ne nous en ont donné que quatre. Cependant, ces pays, inexploités au point de vue de la domestication, sont très-riches en mammifères et oiseaux de toutes classes propres à être soumis à la domesticité. On n'a presque rien fait depuis trois siècles pour enrichir notre agriculture de nouvelles conquêtes animales. Aujourd'hui, grâce au zèle déployé par la Société impériale Zoologique d'acclimatation fondée il y a quelques années à Paris, la question de la domestication des animaux a reçu une nouvelle impulsion; grâce aussi aux sacrifices faits chaque année par la Société protectrice des animaux, les êtres vivants que nous possédons sont mieux traités, mieux gouvernés; ils s'usent par conséquent moins vite et nous rendent pendant un plus long temps les services que nous leur demandons.

En attendant que les efforts constants de ces deux Sociétés soient arrivés à permettre d'augmenter notablement le nombre et la durée de la vie de nos espèces animales, nous avons un grand intérêt à conserver celles que nous possédons.

La pénurie de bétail que nous venons de signaler fait un devoir à l'homme d'apprendre à connaître les moyens à l'aide desquels il peut éloigner des animaux les causes si fréquentes de maladies toujours onéreuses pour les propriétaires. Ces causes de maladies résident le plus ordinairement dans une hygiène mal comprise, mal dirigée.

C'est afin de répandre, suivant nos faibles moyens, parmi les propriétaires d'animaux, la connaissance des lois d'une bonne hygiène que nous avons entrepris la rédaction du travail que nous publions aujourd'hui.

Notre intention étant d'écrire spécialement pour les

agriculteurs-propriétaires d'animaux, nous nous attacherons, autant que faire se pourra, sans nuire à la clarté de nos explications, à éloigner de notre travail toute théorie scientifique qui trouve mieux sa place dans les traités complets d'hygiène.

Le cadre que nous nous sommes tracé nous permettra d'étudier : les meilleures dispositions à donner aux habitations des animaux, les soins à prodiguer à ceux-ci pendant le travail, enfin les règles qui doivent présider à la reproduction des espèces et à l'amélioration des races. En un mot, nous aborderons l'étude des questions de la science zootechnique les plus intéressantes pour les agriculteurs et les gens du monde qui s'occupent de nos espèces animales.

Si, malgré nos efforts, nous restons au-dessous de la tâche que nous nous sommes imposée, nous avons l'espoir que le lecteur voudra bien être indulgent pour nous, en considération de l'intention qui nous a fait entreprendre la publication de ce livre. Qu'il nous suffise de lui dire, pour obtenir l'indulgence que nous réclamons, que nous avons suivi la maxime de Montaigne : « *Si la science m'était donnée pour n'en point faire profiter les autres, je n'en voudrais point.* »

ZOOTECHNIE.

DE L'ENTRETIEN ET DE L'AMÉLIORATION

DES

animaux domestiques.

CHAPITRE PREMIER.

Des habitations.

A l'état sauvage, les animaux subissent sans inconvénient grave les intempéries de l'atmosphère; mais réduits à l'état de domesticité, ils sont beaucoup plus sensibles aux variations atmosphériques; de là la nécessité de les abriter.

Les considérations auxquelles doit s'arrêter le propriétaire dans la construction des habitations réservées aux animaux sont assez nombreuses. Parmi ces considérations, les unes sont du ressort de l'architecture rurale, les autres appartiennent à l'hygiène. Nous ne nous occuperons que de ces dernières.

Sous les lois de l'hygiène, la santé prospère; sous l'influence d'écarts hygiéniques surviennent des accidents d'...

tant plus graves que le plus ordinairement ils agissent avec lenteur et minent sourdement l'économie jusqu'au moment où des lésions déjà profondes conduisent les animaux à leur perte.

Toutes les espèces animales réduites à l'état de domesticité ne sauraient être gouvernées sous les mêmes lois hygiéniques. Chacune d'elles est appelée à rendre à l'homme des services spéciaux et réclame des soins différents. Nous traiterons donc successivement des dispositions à établir :

1° Dans les écuries ;

2° Dans les étables ;

3° Dans les bergeries ;

4° Dans les toits ou cases à porcs ;

5° Enfin dans les compartiments réservés aux animaux de basse-cour.

SECTION PREMIÈRE.

Des écuries.

On donne le nom d'écurie aux habitations des solipèdes. La salubrité de ces habitations est soumise à une série de conditions hygiéniques que nous allons successivement étudier avec détail.

§. 1er. — *Etat du sol.*

Le sol, ou mieux l'aire d'une écurie, doit être assez ferme pour résister au piétinement des chevaux. S'il n'en est point ainsi les déjections s'accumulent dans les excavations ; elles y fermentent sous l'influence de la chaleur, et bientôt l'air de l'habitation se trouve vicié.

L'état poreux de l'aire permet aux excréments liquides de s'y infiltrer ; il se forme ainsi sous les animaux une couche plus ou moins profonde de terre imprégnée d'un liquide promptement fermentescible.

Il faut encore que le sol ne soit pas glissant ; c'est à tort qu'on a généralement conservé dans les exploitations agricoles l'habitude de tasser au-dessus du sol une couche assez épaisse de marne. Ce procédé a l'inconvénient de donner un terrain qui s'humecte facilement sous les pieds des chevaux. Beaucoup de boiteries, soit de l'épaule ou de la hanche, voire même du boulet (écarts, allonges ou entorses) n'ont d'autres causes que des glissades faites snr la marne de l'écurie. Les matériaux employés pour cette construction varient beaucoup ; quels que soient ceux qu'on utilise, on devra toujours faire en sorte d'éviter de donner au sol trop de poli, afin que les chevaux puissent trouver sous leurs pieds des aspérités qui les empêchent de glisser. Aujourd'hui, on fabrique la brique en beaucoup d'endroits, et le prix de ces matériaux n'est pas très-élevé ; on peut donc, avec avantage, paver les écuries avec des briques placées de champ : on forme ainsi un sol solide, uni sans être glissant.

Pour les écuries des chevaux de luxe, on ne saurait employer sans danger les grandes dalles et l'asphalte. M. Gayot recommande un pavage en bois pratiqué avec des morceaux de sapin du nord taillés en brique. (Epaisseur, celle des briques ordinaires; longueur, de 30 à 40 cent.) Si l'on ne peut se procurer du sapin du Nord, il faut prendre des bouts de chêne ou de toute autre essence de bois dur, dont la tête a été façonnée en carré à la manière des pavés de grés.

Ainsi, le sol d'une écurie doit être : 1° assez solide pour ne pas s'enfoncer sous le piétinement des chevaux, sans être cependant résistant à ce point qu'il froisse les pieds des animaux ; 2° assez compacte pour qu'il ne s'imprègne pas facilement des déjections liquides ; 3° enfin, il présentera des aspérités qui donneront aux chevaux la facilité de marcher franchement sans qu'ils aient à craindre de glisser.

En plus des précautions qu'on doit prendre dans la construction de l'aire d'une écurie, il faut encore s'occuper de l'inclinaison à donner au sol. C'est assurément quand il est placé sur une surface plane bien nivelée, que le cheval se trouve le mieux posé. Le poids du corps se trouve également réparti sur les quatre membres; l'équilibre est stable et les membres fatiguent peu. Malgré les avantages offerts par la surface plane, on est forcé de donner à l'aire de l'écurie une inclinaison d'avant en arrière, c'est-à-dire dans le sens de la longueur de l'animal. Sans cette disposition, la litière surtout, celle jetée sous les chevaux entiers et sous les chevaux hongres, serait toujours humide; les soins de propreté, si nécessaires à l'entretien de la santé, seraient rendus impossibles. Toutefois, cette pente doit être calculée; si elle est trop rapide, le poids du corps est rejeté sur l'arrière-train; les membres postérieurs se trouvent surchargés; ils se fatiguent vite. Le cheval placé sur un sol trop incliné a de la tendance à se tenir, après le repas, au bout de sa longe. S'il se couche, il glisse entraîné par son propre poids sur la litière fraîche, loin de l'auge, de telle sorte qu'il ne peut se relever qu'après de violents efforts et de grandes difficultés. Sans aucun doute, le cheval se présente mieux sur un terrain incliné que sur une surface plane. Aussi, les marchands donnent-ils à leurs écuries une forte pente. Dans de telles conditions les animaux semblent avoir plus de taille; comme ils sont obligés de se camper du devant afin de porter une grande partie du poids de l'avant-main sur les parties postérieures du corps, les aplombs des jambes de devant paraissent toujours être bien établis. Cette station forcée ne saurait être de longue durée; elle fatigue considérablement l'animal, elle ruine les jarrets sur lesquels apparaissent bientôt des tares toujours graves (tumeurs molles ou tumeurs osseuses).

L'inclinaison à donner aux écuries est moyenne entre l'exagération et la surface plane; ce terme moyen paraît être de 2 lignes par mètre, comme on disait autrefois. Pour M. Magne, la pente doit être à peu près de 2 cent. par mètre.

Il est des circonstances où le train de derrière des individus appartenant à l'espèce chevaline a besoin d'être plus élevé que le train antérieur. Lorsque l'on entretient à l'écurie des juments en état de gestation, il est nécessaire, pour éviter le renversement à l'extérieur des organes génitaux (renversement du vagin et de l'utérus), d'élever les membres postérieurs plus que les membres antérieurs. On reporte ainsi le poids du fœtus en avant afin d'éviter les avortements.

Cette disposition anormale du sol de l'écurie n'est établie que pour un laps de temps momentané ; après la parturition, les femelles chevalines sont, comme les chevaux, placées sur une aire légèrement inclinée. Pour éviter des travaux toujours dispendieux, on se contente d'accumuler la litière sous les membres postérieurs en en laissant peu sous les membres du devant. Enfin, une rigole destinée à recevoir les urines est pratiquée derrière les animaux. L'écoulement des déjections liquides n'a lieu dans ce conduit qu'autant que l'aire de l'écurie est construite, en pente légère dans le sens de l'habitation, ou mieux d'une extrémité à l'autre. Les urines s'écoulent au-dehors soit dans la fosse à fumier, soit dans une citerne à purin. Afin d'éviter les accidents, ce ruisseau est couvert en planches pouvant partiellement s'enlever et permettre le nettoyage. On évite ainsi la surface d'évaporation et, comme conséquence, la viciation de l'air que les animaux doivent utiliser.

§. 2e. — *Plafond de l'écurie.*

Le plafond ou la cloison supérieure d'une écurie bien établie est élevé de 4 mètres au-dessus du sol. Sa construction varie suivant l'utilité qu'on retire du compartiment qui lui est supérieur.

Nous n'entrerons pas dans de grands détails sur les divers modes de confectionner les plafonds, nous ne chercherons pas non plus à connaître si telle matière doit être préférée à telle autre. Ces questions sont en dehors du domaine de l'hygiène : leur solution appartient à l'architecture rurale. Nous établirons seulement que le plafond doit être construit de telle sorte qu'il ne laisse point s'échapper la poussière de l'étage situé au-dessus et ne permette pas la filtration des exhalaisons émanées du corps des chevaux et du fumier placé sous leurs pieds. Le plus ordinairement, dans nos exploitations rurales, le plafond des écuries est formé de *gaules* espacées les unes des autres et appuyées sur les poutres du bâtiment. Ces morceaux de bois supportent les fourrages tassés dans le grenier.

Voyons si le foin bien récolté, puis placé au-dessus de l'habitation des animaux avec laquelle la communication n'est pas interrompue, se trouve dans des conditions avantageuses pour produire plus tard les actes physiologiques que nécessite la conservation de la santé des chevaux.

Après un travail long et pénible, les animaux rentrent à l'écurie, le corps couvert de sueur. De leur surface cutanée, s'échappe une vapeur qui, en vertu des lois physiques, gagne la partie supérieure de l'habitation, se dépose sur les fourrages, s'y condense, car elle rencontre un corps dont la température est inférieure à la sienne. La sueur, d'après les analyses chimiques de MM. Thénard et Belzelius, est formée de substances qui doivent être éliminées de l'économie animale où leur séjour amènerait des troubles fonctionnels. C'est ce produit normal, dont l'excrétion est nécessaire à la santé, qui est de nouveau porté dans l'économie, avec les aliments sur lesquels il s'est déposé. Les produits de la perspiration cutanée ne sont pas la seule cause donnant naissance à des produits non assimilables et malfaisants, il faut y ajouter les différents gazs qui émanent des fumiers placés sous les animaux ou enlevés avec dégagement d'ammoniaque. Toutes ces émanations arrivées sur les fourrages en altèrent plus ou moins la qualité ; leur communiquent même une action nuisible quand ils sont portés dans l'économie animale par la digestion : ce que le raisonnement permet de connaître, l'expérience l'affirme. Deux bottes de foin d'un poids égal, étant conservées, l'une dans un grenier à l'abri de toute circonstance capable de l'altérer, l'autre suspendue au-dessus des animaux, différeront de poids après un laps de temps plus ou moins long, mais variable, selon l'intensité et l'incessance des causes de l'insalubrité de l'air de l'habitation. Le fourrage demeuré sous l'influence des miasmes pèsera plus lourd que l'autre. A quoi attribuer cette différence dans les pesées, différence qui n'existait pas avant l'expérience, si ce n'est au dépôt des émanations miasmatiques?

Cette altération se manifeste d'abord sur le premier lit de fourrage; ensuite les exhalaisons filtrent à travers les bottes et gagnent la couche placée au-dessus. Il y a perte, chaque année, d'une quantité de nourriture en rapport avec le nombre des animaux renfermés dans l'écurie et en rapport avec l'étendue de la surface absorbante. Ces pertes annuelles additionnées, coûtent bientôt aux cultivateurs plus cher que les plafonds *terrés* ou construits de manière à ne pas laisser pénétrer les gazs émanés du corps des animaux et des fumiers de l'écurie. Ajoutons encore que la propreté de la peau des chevaux est tout au moins difficile à entretenir avec les plafonds à claire-voie, et que les maladies sporadiques sont souvent les suites de ce vice de construction.

§. 3. — *De la litière.*

Une litière abondante et propre procure du bien-être aux chevaux fatigués, elle soustrait leur corps aux effets fâcheux de l'humidité du sol. La quantité de litière à épandre sous les animaux ne saurait être mathématiquement fixée, toutefois on admet en principe qu'elle doit être assez abondante pour absorber les excrétions. Bien que le fumier enlevé chaque jour de l'écurie, soit moins riche en principes fertilisants que celui qui a séjourné quelque temps sous les chevaux, il n'en est pas moins vrai que l'usage admis en beaucoup d'endroits d'enlever chaque jour la litière consommée est favorable à la santé. On obtient assurément un bon engrais dans les exploitations agricoles où le fumier demeure pendant plusieurs jours dans l'écurie ; cependant, malgré le soin qu'on apporte à jeter de la paille nouvelle sur l'ancienne, on ne peut parvenir à rendre le lit des animaux aussi doux, aussi sec, aussi hygiénique, surtout en été, qu'il l'est alors que le fumier est sorti chaque jour. Si, même avec cette dernière pratique, on reconnaît que l'air de l'habitation se trouve altéré par des gazs étrangers, à plus forte raison cette atmosphère doit être chargée de ces mêmes gazs quand on enlève le fumier plus consommé ou mieux fait. Il est un fait qu'on ne saurait contester, c'est que chaque fois qu'on nettoie une écurie il se dégage, en plus ou moins grande quantité, des émanations ammoniacales dont la présence se trahit par un picotement aux yeux, quelque fois même par un larmoiement involontaire. En quantité abondante ce gaz irrite la membrane des bronches; il détermine même, chez l'homme, une toux quinteuse. Puisque ces émanations ammoniacales sont incommodes pour les personnes qui en ressentent momentanément l'influence, elles doivent être assurément nuisiblesà la santé des êtres appelés à séjourner dans un pareil milieu. L'absorption de ces gazs est d'autant plus délétère que la surface de la muqueuse respiratoire est plus étendue et mieux disposée pour cette absorption ; d'où il suit que les chevaux, dont les poumons sont très-développés, et consomment par conséquent un grand volume d'air ; chez lesquels aussi la membrane muqueuse des tuyaux bronchiques, échauffée, comme tout le corps par le travail, a les pores ouverts, d'où il suit que les chevaux, disons-nous, éprouvent une profonde influence de l'altération de l'atmosphère dans laquelle ils sont obligés de demeurer. Les conséquences fâcheuses de l'inspiration de cet air vicié sont des toux persistantes, des maux d'yeux (ophthalmies) et, suivant l'impressionnabilité des sujets, des maladies chroniques des voies respiratoires.

On préserve les animaux des effets de l'air altéré par les gazs ammoniacaux en faisant enlever le fumier en l'absence des chevaux et en ouvrant les portes et les fenêtres de l'écurie. Dans les fortes exploitations agricoles, la propreté des habitations des animaux est spécialement confiée à des domestiques ou à des garçons désignés sous le nom de *vagants*. L'enlèvement de la litière, commencé peu de temps après le départ des attelages, y est promptement achevé ; l'atmosphère viciée est remplacée par de l'air pur auquel donnent accès les diverses ouvertures rationnellement conservées dans les murailles. Quelque temps seulement avant l'heure de la rentrée des animaux, les fenêtres, d'un côté, sont fermées. Grâce à ces précautions, simples et faciles dans leur application, les chevaux ne sont pas tourmentés, pendant leur repas, par les charretiers, pressés eux-mêmes d'aller prendre la nourriture dont ils ont besoin ; ils ne sont pas non plus exposés à être blessés par les dents de la fourche maladroitement ou inconsidérément maniée. Enfin, le milieu dans lequel ils séjournent permet une respiration facile.

Peut-être objectera-t-on que cette pratique, d'une application aisée en été, ne l'est pas en hiver. A cette époque de l'année, répliquerons-nous, le nettoiement de l'écurie a lieu pendant que les animaux sont conduits à l'abreuvoir, et, à moins que la température ne soit par trop rigoureuse, les chevaux se trouvent bien de se livrer à leurs ébats pendant quelques moments ; ajoutons encore que la fermentation étant peu intense, en cette saison, les gazs ammoniacaux se dégagent du fumier en moindre quantité ; que les exhalaisons malsaines sont moins intenses ; qu'elles sont enfin très-promptement expulsées par les courants d'air. S'il reste au *vagant* quelques instants, il les consacre à soigner la confection des fumiers de telle sorte que le cultivateur trouve du bénéfice, tout en éloignant de l'habitation de ses animaux les causes d'insalubrité.

§. 4. — *De la capacité à donner aux écuries.*

Lorsque l'on entre dans une écurie de ferme, on remarque presque toujours que les animaux serrés les uns contre les autres sont en trop grand nombre relativement à la quantité de l'air au milieu duquel ils séjournent. Il y a dans cette habitude une violation des lois de l'hygiène.

Comment est-il possible que des chevaux fatigués puissent prendre du repos s'ils sont gênés à ce point que le décubitus ne leur soit point possible ? Ils sont dès-lors contraints à se poser tantôt sur un pied, tantôt sur un autre; ils dorment debout, la tête appuyée au fond de l'auge; ils retournent le matin au travail plus fatigués qu'ils l'étaient en rentrant la veille à l'écurie. C'est à cet état de gêne qu'il faut parfois attribuer l'usure prématurée des membres. Alors les tendons se rétractent, les aplombs se faussent, des tumeurs molles (mollettes, vessigons) apparaissent, les jambes faiblissent.

M. de Gasparin demande pour chaque cheval une largeur de place de 1 m. 75 c. Les chevaux de taille, même élevée, placés à cette distance les uns des autres peuvent à l'écurie se reposer tous en même temps et étendre leurs membres.

Selon M. Magne, on doit donner en moyenne, à chaque cheval de petite taille, 1 m. 50 c. de largeur de place, et 1 m. 75 c. à ceux de grande stature.

Le séjour des animaux dans un local trop restreint n'a pas seulement comme conséquence d'occasionner de la gêne et de la fatigue, il détermine aussi des effets plus fâcheux dus à l'action de l'air vicié sur l'économie animale.

L'atmosphère des habitations peut être altérée par la présence de différents gazs; ceux-ci sont formés par la sueur qui s'échappe à travers les pores de la peau après un travail soutenu, par les exhalaisons émanées des excrétions solides ou liquides entrées en fermentation sous l'influence de la chaleur. L'inspiration d'un air ainsi vicié détermine insensiblement des troubles dans l'harmonie qui doit présider au jeu des organes, des maladies lentes dans leur marche et occultes dans leurs progrès, minent sourdement le corps jusqu'à ce qu'elles soient la cause, si on n'y apporte remède, de la mort des animaux. Les toux persistantes sont très souvent dues au séjour des chevaux dans les locaux trop resserrés et trop peu aérés. C'est à cette même circonstance qu'il faut souvent attribuer l'apparition de la morve et du farcin parmi les animaux des grandes administrations.

Des expériences nombreuses entreprises par des observateurs consciencieux ont fait connaître la quantité d'air que dépense en vingt-quatre heures un cheval de moyenne taille. M. Chevreul, rapporteur d'une commission prise au sein de l'Académie des sciences, conclut qu'une capacité qui fournit de 25 à 30 mètres cubes d'air par cheval est suffisante; M. Vogeli fixe à 42 mètres cubes la quantité d'air nécessaire pour la respiration d'un cheval. Selon M. Dumas, 23 mètres suffisent.

Le chiffre de 30 mètres cubes est celui pour lequel M. Boussingault a reconnu que la composition de l'air de l'écurie était représentée par

Azote........	79	»
Oxygène........	20	77
Acide carbonique	0	23
	100	00

D'après M. Gayot, il n'y a pas d'exagération à fixer à 60 m. cubes les quantités d'air pur nécessaire à un cheval par vingt-quatre heures. En accordant à chaque cheval une largeur de place égale à 1 m. 75 c. et une longueur de 4 m., y compris la crêche, la mangeoire et le passage, il en résulte pour chaque animal une surface de 7 m. carrés, et si l'habitation a 4 m. de hauteur, le cube affecté à chacun des animaux est de 28 m. Cette quantité diffère peu du chiffre moyen adopté par les auteurs.

§. 5. — *De l'aération des écuries.*

Des écuries construites dans les dimensions que nous venons de relater ne seraient point encore établies selon les lois d'une bonne hygiène. Il faut de plus aviser aux moyens d'y renouveler l'air. Un animal souffre si un air pur ne vient continuellement remplacer celui dont la composition a été modifiée par les phénomènes chimiques de la respiration. C'est au moyen d'ouvertures pratiquées dans les parois des écuries qu'on y fait arriver l'air du dehors et la lumière. Mais pour qu'elles soient convenablement placées, ces ouvertures doivent être établies suivant certaines règles.

Portes. — La porte seule serait un mauvais moyen d'aération; elle laisse, il est vrai, pénétrer l'air extérieur qui déplace une certaine masse de l'atmosphère intérieure, mais comme il n'y a pas de courant établi, le renouvellement de l'air est fort imparfait.

Fenêtres. — Les fenêtres ont ce double avantage de laisser passer les rayons lumineux lors même qu'elles sont fermées et de contribuer à une bonne aération quand elles sont ouvertes. Elles seront disposées de telle sorte que les animaux ne souffrent ni des courants d'air ni de la lumière directe si nuisible à l'organe de la vision. A cet égard diverses précautions sont à prendre.

Il est toujours incommode, souvent même dangereux, pour les animaux dont la peau est mouillée par la sueur, d'être exposés à des courants d'air ou de recevoir directement l'air froid. Le refroidissement brusque du corps est la cause la plus commune des maladies des animaux domestiques. En établissant des ouvertures qui dirigent l'air froid du dehors vers le plafond, à l'aide de fenêtres s'ouvrant de haut en bas, on soustrait les chevaux aux inconvénients que nous venons de signaler.

L'œil est un organe doué d'une très grande sensibilité; bien qu'il lui soit permis de dimnuer ou d'augmenter, à son gré, l'ouverture par laquelle pénètrent en lui les rayons lumineux, il se fatigue néanmoins quand il lui faut. pendant longtemps, supporter une lumière trop vive. Placé devant un jour percé au niveau de sa tête, le cheval se trouve mal à l'aise; sa vue devient tendre; les parties constituantes de l'œil, surtout celles situées à l'intérieur de l'organe, s'altèrent; des lésions pathologiques s'y forment; les yeux enfin perdent peu à peu de leur transparence jusqu'à ce que la cécité survienne. Maintes fois on a constaté que les chevaux de certaines écuries devenaient aveugles parceque des ouvertures se trouvaient pratiquées dans les murs de face, juste à la hauteur de leur tête, et que les ophthalmies ont disparu dès qu'on a eu porté remède à ce vice de construction.

Ouvertes à une hauteur telle que les chevaux ne puissent pas être frappés directement par la colonne d'air à laquelle chacune d'elles donne passage, ni par les rayons lumineux venant du dehors, les fenêtres sont dans de bonnes conditions d'hygiène.

Dans les écuries de luxe on garnit, en hiver, surtout du côté du nord, ces ouvertures de paillassons, et en été, de toiles métalliques qui, en interceptant une partie de la lumière, interdisent l'entrée aux insectes ailés.

Lorsqu'on soumet à une analyse rigoureuse l'air qui pénètre dans les poumons d'un animal, avant l'entrée de l'air dans cet organe et après qu'il en est sorti, on trouve qu'il a subi, dans sa composition, de notables changements. Ces changements se traduisent surtout par l'expulsion au-dehors du corps d'un gaz particulier, désigné sous le nom d'*acide carbonique*. Résultat des phénomènes chimiques qui continuellement ont lieu dans les poumons des animaux pendant la vie, ce gaz se produit aux dépens d'un des éléments constitutifs du sang (le carbone) et de tous les organes. Le gaz acide carbonique nuit à l'entretien facile et libre de la respiration. Qui ne sait que l'air des appartements dans lesquels un grand nombre de personnes se trouvent réunies devient bientôt malsain, et qu'il doit être renouvelé pour éviter des accidents? Ce qui se passe dans les habitations de l'homme a également lieu, mais avec plus de promptitude, dans les écuries. Lassaigne, opérant sur des animaux placés successivement dans une box de capacité connue, et parfaitement fermée, est arrivé à des résultats fort intéressants. Suivant cet habile chimiste, un cheval produit en une heure 219 litres 72 centilitres d'acide carbonique, ce qui donne, pour une période de 24 heures, un total de 5,273 litres 28 centilitres d'acide carbonique produit, et de 2,845 grammes 68 centigrammes de carbone brûlé aux dépens du corps de l'animal. Un autre cheval exhala par heure 355 litres 05 centilitres d'acide carbonique à la température de 15 degrés et à la pression ordinaire.

Il résulte des expériences auxquelles se sont livrés MM. Aller et Pepys, Regnault et Reiset, Lassaigne, Dumas, H. Bouley et autres, que l'air expiré par les animaux n'est plus pur, qu'il est chargé d'acide carbonique en forte quantité, et que ce gaz est impropre à la respiration. La somme d'air consommé chaque jour par un cheval est telle qu'il ne serait pas possible de placer celui-ci dans un local assez vaste, si on n'avait les moyens de renouveler l'atmosphère de son écurie au fur et à mesure qu'elle est altérée. Le renouvellement de l'air qui a servi à la respiration et de celui vicié par les gazs émanés soit du corps même des animaux, soit de leurs déjections, s'opère à l'aide d'ouvertures symétriquement pratiquées dans les parois de l'habitation.

C'est surtout dans les écuries où se trouvent rassemblés des animaux en grand nombre que l'aérage a besoin d'être exécuté avec promptitude et sans interruption. A cet effet on a recours à des ouvertures dites barbacanes et aux ventilateurs ou cheminées d'aspiration. Les *barbacanes* sont des ouvertures de 20 à 25 centimètres de hauteur sur 30 ou 35 dans le sens horizontal, placées les unes près du plafond, les autres à quelques centimètres au-dessus du sol, et pouvant se fermer à volonté au moyen de planches glissant dans des coulisses. En s'échauffant l'air se dilate, devient plus léger, il sort alors par les barbacanes du plafond; l'air froid extérieur vient le remplacer en entrant par la barbacane inférieure.

Les *ventilateurs* ou *cheminées d'aspiration* consistent en trouées pratiquées au plafond et surmontées d'une cheminée d'aspiration que l'on conduit au-delà du toit. La cheminée peut être construite en bois, en tôle ou en zinc. Son diamètre variera avec le nombre des animaux placés dans l'écurie. Voici quelques chiffres donnés par M. Gayot :

Ventilateur cylindrique à orifices libres dont la construction est en bois,

Pour une écurie	de 5	chevaux	0m 19
—	de 10	—	0 27
—	de 14	—	0 35

Si le ventilateur est en tôle, il aura en diamètre,

0m 17	pour une écurie	de 5	chevaux,
0 27	—	de 15	—
0 33	—	de 21	—

Enfin, dans la construction des ventilateurs, on donnera à l'ouverture inférieure un diamètre double du diamètre de l'orifice supérieur, et l'on placera des planches horizontales qui, glissant dans des coulisses et coupant en travers les cheminées, servent à modérer l'aérage.

Température de l'écurie. — L'adoption dans une écurie d'ouvertures systématiquement établies, comme nous venons de l'indiquer, n'a pas seulement pour avantage de permettre de fournir aux animaux la lumière et l'air dont ils ont besoin pour se bien porter, elle met encore à même de graduer, suivant les saisons, la température des habitations. Selon qu'on veut élever ou abaisser cette température, on ferme ou bien l'on ouvre les croisées et les barbacanes, on donne aux ventilateurs un plus ou moins grand jeu. Bien que le degré de calorique de l'écurie soit variable suivant beaucoup de circonstances, il est cependant un terme moyen que l'on doit adopter. Ainsi M. Félix Villeroy insiste, avec raison, sur la nécessité d'entretenir dans les écuries une température plus élevée que basse. M. Eug. Gayot fixe ainsi les extrêmes : Minimum à plus 10 degrés; maximum à plus 18 degrés. Placés dans une telle température, les chevaux, quel que soit leur état de santé, n'auront point à subir les fâcheuses influences du passage brusque d'un milieu trop chaud à un milieu trop froid, et réciproquement.

§. 6. — *Des dispositions intérieures des écuries.*

Notre cadre, nous l'avons déjà dit, ne nous permet pas de faire irruption dans le domaine de l'architecture rurale; les considérations que nous avons à exposer sur la construction des écuries doivent seulement se rapporter à l'hygiène. Malgré cela, nous croyons devoir dire un mot de la disposition à donner aux rateliers et aux séparations adoptées surtout dans les écuries des chevaux de luxe, pour préserver les animaux de certaines maladies et de graves accidents.

Les rateliers, tout le monde le sait, sont destinés à mettre une partie de la nourriture à la disposition du cheval, sans que celui-ci puisse la gaspiller. Ils se composent de barreaux bien cylindriques, bien unis, de 60 à 70 centimètres de longueur, espacés les uns des autres de 10 à 12 centimètres au moins, et enclavés en haut et en bas dans des traverses fixées aux murs des deux extrémités. On doit calculer l'inclinaison à donner aux rateliers de telle sorte que la poussière ou les débris de fourrage ne tombent pas sur la tête des chevaux. S'il en est autrement, la crinière, le toupet, surtout chez les animaux de gros trait, sont à chaque instant salis, et malgré les soins ordinaires de propreté, il est difficile d'empêcher que ces parties du corps soient le siége de démangeaisons. On estime que pour éviter cet inconvénient, le râtelier doit être vertical et distant de la muraille de 0m 36c. La partie inférieure sera élevée de 1m 40c au-dessus du sol et séparée du mur par un plancher oblique incliné vers la crèche. Les broches des râteliers doivent aussi pouvoir tourner sur leur axe quand les animaux tirent le foin. Le fourrage est plus facilement entraîné, il faut aux mâchoires moins de force, les dents s'usent moins vite, les repas sont plus promptement achevés, et le temps de la digestion, avant la reprise du travail, se trouve ainsi augmenté. Cette précaution bien simple à prendre dans la construction des écuries a donc de véritables avantages qui militent en faveur de son adoption.

Crèches ou Mangeoires. — Les mangeoires sont bien établies quand les chevaux peuvent y introduire la tête sans être gênés. Il est indispensable, dans l'intérêt de l'accomplissement complet de la mastication, que le jeu de la partie inférieure des mâchoires soit libre. Comme les râteliers, les mangeoires seront à une hauteur en rapport avec la taille des chevaux. Il faut, dit M. Magne, que les animaux puissent manger l'avoine sans être obligés de trop baisser la tête ni de la relever et de rouer l'encolure. Dans l'un comme dans l'autre cas, ils se fatiguent et s'habituent à porter mal. Plus que tout autre animal peut-être le cheval se dégoûte facilement et ne mange pas si sa mangeoire n'est pas propre ou sent mauvais. On ne saurait recommander trop de surveillance sur ce point.

Stalles. — Les chevaux de luxe sont, dans les écuries, isolés dans des stalles ou espacés les uns des autres par des séparations mobiles.

Pour le cheval de taille ordinaire, les dimensions des stalles sont :

Longueur	3m 50c.
Largeur	1m 70
Hauteur en avant de la mangeoire..	1m 20
Hauteur en arrière à la croupe....	1m 05

Elles doivent être construites de telle sorte qu'elles n'offrent ni saillies, ni angles, ni aspérités contre lesquels les chevaux puissent se blesser. Enfin les compartiments latéraux présenteront un plan légèrement incliné afin que les animaux puissent glisser s'ils le franchissent incomplétement.

Les séparations mobiles sont formées tantôt d'une simple barre horizontale à laquelle est suspendue une planche qui a la même direction (bat-flanc), tantôt d'une barre en bois, ronde ou arrondie sans aspérités. On attache celle-ci, d'une part, à la mangeoire ; d'autre part, elle est suspendue au plafond au moyen d'une corde. La barre sera assez élevée pour que les chevaux n'enjambent pas au-dessus. Par-devant, elles doivent partager également l'avant-bras dans son milieu ; par-derrière, elles seront élevées à 10 ou 12 centimètres environ au-dessus du jarret. On peut, par précaution, garnir la partie postérieure de la barre de corps qui amortissent les coups de pieds, ainsi que cela se pratique généralement dans les écuries de nos quartiers de cavalerie.

Enfin, il est une précaution que nous devons signaler avant de terminer ce que nous avons à dire sur l'hygiène des écuries : c'est d'attacher les chevaux de manière à ce qu'ils ne se blessent pas. Le plus ordinairement, la longe passe dans un anneau fixé à l'auge ou aux poteaux qui la supportent. A son extrémité libre est attaché un *billot* assez lourd pour empêcher la longe de se replier sur elle-même dans les différents mouvements que fait l'animal. On évite ainsi, tout en permettant au cheval de se coucher et de manger au râtelier, des prises de longe, des accidents graves, voire même la mort quelquefois. Attaché avec deux longes, le cheval ne peut tourmenter ses voisins ni manger la ration des autres, bien qu'il conserve la liberté de ses mouvements. Nous avons vu employer, dans une écurie de luxe, un système d'attache que nous approuvons. Le poteau qui sert à supporter l'auge ou bien un morceau de bois placé obliquement de haut en bas devant le cheval est percé, dans une grande partie de sa longueur, par une coulisse; la longe du licol va et vient, suivant les mouvements de la tête de l'animal, dans cette même coulisse où elle est retenue par le billot, en arrière du poteau. Ce procédé, qui a beaucoup d'analogie avec celui employé dans certains quartiers de cavalerie pour les chevaux de troupe, a sur celui-ci l'avantage de ne pas laisser devant les animaux une barre de fer contre laquelle les jambes viennent se heurter; de ne pas produire un bruit de frottement dû au jeu d'un anneau métallique contre une barre de fer, bruit assez intense pour troubler le repos des chevaux.

SECTION DEUXIÈME.

Des étables.

Les règles d'hygiène que nous venons de prescrire dans le chapitre précédent, en nous occupant des écuries, sont toujours les mêmes, parce que les individus de l'espèce chevaline sont tous entretenus pour rendre à l'homme les mêmes services. Ces animaux sont des forces motrices animées, appelées soit à franchir en très-peu d'instants de grandes distances, soit à déplacer de lourds fardeaux. Nous exigeons des bêtes bovines différents produits. Des unes, nous recueillons le lait employé, en nature ou après que ce liquide a subi certaines manipulations industrielles, à l'alimentation de l'homme ou encore à la nourriture des jeunes animaux bovins. Nous demandons aux autres, et pour cela nous les soumettons à un régime particulier, la partie la plus fortifiante de notre subsistance, c'est-à-dire la viande; nous utilisons enfin les forces musculaires de certaines bêtes bovines. Mais pour obtenir des individus d'une même espèce des produits aussi variés, il est indispensable que nous raisonnions les soins à leur prodiguer afin que nous puissions atteindre plus promptement et le plus avantageusement possible le but vers lequel nous visons. Il y a donc diversité dans les mesures hygiéniques applicables aux habitations des animaux bovins.

Tel soin aide à la production du lait qui ne saurait aussi bien convenir à la bête de travail; tel autre indispensable pour le bon entretien du bœuf de trait est tout au moins inutile pour le bœuf à l'engrais. De là, pour nous, la nécessité d'énoncer les règles de l'hygiène applicables aux bêtes bovines, selon la spécialité des produits qu'on veut obtenir d'elles.

Parmi les considérations exposées dans le chapitre précédent, il en est qui s'appliquent aussi aux étables. Ce sont celles qui se rattachent aux principes fondamentaux et immuables de toute bonne hygiène. Nous n'aurons pas à les rappeler ici; nous nous occuperons seulement des particularités exclusivement relatives aux habitations des bêtes bovines.

Les animaux bovins, quelle que soit leur spécialité, doivent être placés sur un sol légèrement incliné, non perméable, mais disposé pour recevoir des couches assez épaisses de litières. Une trop rapide inclinaison du sol est avantageuse pour les bêtes chez lesquelles l'abdomen est volumineux; elle est dangereuse pour les femelles en état de gestation avancée. Le renversement partiel du vagin avant l'époque de la parturition et la chute complète au-dehors du corps des organes génitaux (vagin et utérus), après le part, sont très-souvent dus à ce que le train postérieur de l'animal s'est trouvé, sous l'influence d'un plan trop incliné, bien plus bas situé que les membres thoraciques. Non-seulement alors le poids du veau qui sort des organes, mais encore la masse des membranes qui l'entourent pendant sa vie fœtale (le délivre), viennent aider aux inconvénients déjà graves de la trop grande inclinaison du sol de l'étable.

Sous les femelles entretenues pour la production du lait, comme sous celles en état de gestation, la litière sera abondante. On évitera ainsi le froissement des mamelles contre le sol; et le fœtus renfermé dans le ventre de la mère ne recevra pas de commotions douloureuses lors du décubitus de la vache : enfin les animaux de travail, placés sur une litière abondante, pourront mieux se reposer de leurs fatigues et ruminer les aliments qu'ils ont une première fois soumis à la mastication. Chez les bêtes tenues au régime de l'engraissement, la moindre gêne a de suite de l'influence. L'engraissement est d'autant plus prompt et partant d'autant moins onéreux pour le propriétaire que les bêtes qui y sont soumises éprouvent plus de bien-être. Couchés sur une litière abondante, les bœufs de pouture, c'est-à-dire ceux nourris pour être engraissés dans un état de complète stabulation, se livrent après leur repas à l'acte physiologique de la rumination avec grande tranquillité.

Ainsi, tous les animaux bovins, qu'ils nous aident de leurs forces musculaires dans l'accomplissement de nos travaux ; qu'ils soient aptes à nous fournir du lait ; ou bien encore qu'ils soient soumis au régime de l'engraissement, tous ces animaux, disons-nous, ont besoin de sentir sous eux une litière douce et abondante.

La capacité à donner aux étables est, eu égard au même nombre de têtes, moindre que celle nécessaire pour les écuries. Quand une bête bovine se repose, elle occupe moins de place que le cheval ; sa position n'est alors pas la même. Chez les grands ruminants, l'os qui limite inférieurement la poitrine, et qui a nom *sternum*, est construit de telle sorte qu'il représente une surface plane sur laquelle les animaux peuvent s'appuyer et conserver un équilibre stable. La bête bovine couchée n'est donc pas obligée, comme cela a lieu pour les individus de l'espèce chevaline, de se laisser tomber sur le côté et d'étendre ses membres pour se reposer. Aussi la largeur moyenne de la place nécessaire au bœuf à l'étable, n'est-elle que de 1 mètre 50 centimètres ; la longueur, en ménageant les crèches, les mangeoires et un passage, doit être de quatre mètres. Quant à la hauteur des planchers au-dessus du sol, on la tient en moyenne de quatre mètres. Selon M. de Gasparin la capacité correspondante à chaque vache est de 24 mètres cubes. Magne exige de 1 mètre à 1 mètre 30 de largeur par bœuf et un espace de 90 centimètres à 1 mètre pour une vache. La longueur de chaque place, sans y comprendre la crèche ni le passage derrière, est de 2 mètres 20 centimètres à 2 mètres 60 centimètres. Il faut à une étable simple une largeur d'environ 4 mètres 50 centimètres, et pour une étable double, y compris la crèche et le passage, environ 8 mètres.

L'aération des étables s'opère, comme celle des écuries, au moyen d'ouvertures, portes et fenêtres, pratiquées dans les parois et à l'aide de ventilateurs; cependant il y a dans l'établissement de ces ouvertures certaines précautions à prendre. Les portes des étables destinées aux vaches à lait, soumises par conséquent aussi à la reproduction, doivent être assez larges pour que les femelles en état de gestation puissent entrer et sortir sans se blesser elles-mêmes ou blesser le fœtus qu'elles portent. Beaucoup d'avortements sont occasionnés par des chocs que les vaches éprouvent contre des corps résistants et notamment contre les poteaux des portes trop étroites. Il convient aussi pour éviter ces accidents que les poteaux des portes ne présentent aucune arète vive.

Une étable est convenablement aérée lorsque les ouvertures sont établies de différents côtés. Cette disposition permet d'ouvrir, selon la direction des vents et le degré calorifique de la température extérieure, tantôt les fenêtres d'un côté, tantôt celles de l'autre côté. Des ouvertures, opposées les unes aux autres, écrit M. Magne, que l'on laisse tout ouvertes quand le bétail est dehors, facilitent beaucoup le renouvellement de l'air et l'assainissement des étables. La quantité d'air qu'une vache consomme, en moyenne, pendant 24 heures contient 4,224 litres d'oxygène; après l'accomplissement des phénomènes chimiques de sa respiration, l'animal a exhalé un pareil volume de gaz acide carbonique, c'est-à-dire de ce gaz qui vicie l'air. Il est donc nécessaire, pour permettre aux animaux bovins une respiration facile et salutaire, de renouveler l'atmosphère dans laquelle ils sont obligés de vivre à l'étable.

C'est en ouvrant et en fermant, suivant les besoins, les ouvertures de l'habitation des bêtes bovines qu'on en règle la température. Celle-ci, au reste, ne doit pas être toujours la même ; son degré de calorique est variable suivant la spécialité des animaux. La température des étables renfermant des bêtes nourries pour le lait sera plutôt chaude que fraîche et légèrement humide ; les vaches seront tenues avec une grande propreté. Toutefois, il ne conviendrait pas de pousser la chose à l'extrême et de conclure de ce qu'un milieu chaud est favorable à la sécrétion des mamelles, qu'il faille priver les animaux de l'air extérieur pour les laisser vivre dans une atmosphère d'une température très-élevée et chargée de gaz ammoniacaux. Une stabulation en de telles conditions active assurément le travail des glandes mammaires, mais elle altère promptement la santé. Chez les nourrisseurs, aux environs des grands centres de population, les vaches séjournent dans des locaux où l'air extérieur froid ne saurait pénétrer ; le lait est abondamment tiré des mamelles de ces animaux, mais ceux-ci meurent à l'âge auquel ils seraient propres à être livrés à l'engraissement. Cette pratique, qui peut avoir sa raison d'être chez les nourrisseurs dont le commerce ne porte que sur le lait vendu en nature, a de graves inconvénients chez les propriétaires. Bien que le fumier de vache entre moins facilement en putréfaction que le fumier de cheval, on évite néanmoins de le laisser trop longtemps sous les animaux. Le lait des vaches qui couchent sur le fumier contracte une saveur désagréable qu'on peut reconnaître même dans le beurre et dans le fromage.

Les bouveries destinées à loger des bêtes à l'engrais seront, autant que possible, plutôt chaudes et humides que froides et sèches. L'humidité chaude favorise le développement de la graisse en diminuant les déperditions que, dans l'état ordinaire, l'économie animale fait par les organes respiratoires.

Dans les étables d'animaux de travail ou dans celles d'élevage, la température sera moins élevée, plus sèche afin de favoriser une bonne constitution, mais elle sera cependant plus chaude que celle recommandée pour les écuries.

Si l'on cherche à connaître les causes des maladies épizootiques ou contagieuses, on est étonné de voir l'influence qu'exerce la négligence des précautions hygiéniques que nous venons d'indiquer sommairement. Ainsi, la Phthisie calcaire, vulgairement connue sous le nom de *Pommelière*, résulte souvent d'une trop grande activité imprimée aux mamelles; la maladie de poitrine, dite *Péripneumonie* contagieuse des grands ruminants, est, suivant certains auteurs, occasionnée par la fâcheuse impression de l'air froid sur les organes respiratoires des bêtes bovines qui séjournent dans des locaux où la température est très-élevée. Comme ce fléau n'existe jamais sans faire supporter de grandes pertes, il est de l'intérêt des cultivateurs de bien surveiller l'hygiène des habitations de leurs animaux bovins.

SECTION TROISIÈME.

Des Bergeries.

Les bêtes ovines, dont le corps est couvert d'une épaisse toison, sont peu sensibles aux effets des variations atmosphériques. Elles ont, moins que toute autre espèce animale domestique, besoin d'être complètement abritées; aussi les précautions à prendre dans l'établissement et dans l'entretien d'une bergerie sont-elles moins minutieuses que celles recommandées pour les écuries et les étables. Cela, cependant, ne veut pas dire qu'on doive négliger toute espèce de soins envers ces animaux, et supprimer chez nous les bergeries, ainsi que Daubenton, à l'instar de ce qui se pratique en Angleterre, l'avait jadis conseillé. Le climat de la France est trop chaud en été et trop froid en hiver, la température est trop variable dans toutes les saisons pour qu'on puisse suivre l'exemple de nos voisins d'Outre-Manche.

Rien n'étant plus nuisible aux moutons que les sols humides, l'assiette des bergeries sera placée sur un terrain sec ou rendu tel à l'aide de différents matériaux. Afin de conserver la santé de ces animaux et la qualité de leur laine, les habitations doivent être spacieuses. D'après Teissier, l'emplacement à donner à chaque tête de l'espèce ovine est de 1 mètre carré pour la brebis ou le mouton, et de 75 centimètres pour un agneau. Comme toutes les bêtes mangent en même temps, il importe à la conservation de leur santé qu'elles aient de la place; dans ce but on accorde à chaque animal 50 centimètres de crèche. Dans une bergerie bien établie où chaque brebis ou mouton a une place de 1 mètre carré et dont le bâtiment a au moins 4 mètres de hauteur sous le plancher, la capacité applicable à chaque brebis est de 3 mètres 30 centimètres, et de 2 mètres 92 centimètres pour chaque agneau.

L'aération et la température des bergeries se règlent différemment, suivant que ces locaux sont fermés ou à claire-voie. Dans les bergeries closes, c'est-à-dire établies comme les écuries et les étables, on renouvelle l'air à l'aide d'ouvertures ménagées d'après les règles que nous avons indiquées précédemment. C'est en ouvrant et en fermant ces ouvertures qu'on change la température de l'habitation. Les moutons ne se trouvent pas généralement à l'aise dans une bergerie chaude et constamment fermée; il leur faut un air sec, vif et pur.

Pour être avantageuses, dit M. Magne, les bergeries doivent être toujours propres et bien aérées, chaudes et un peu humides pour les bêtes à l'engrais, les brebis nourrices et les agneaux, et plutôt fraîches que chaudes pour les élèves et les animaux que l'on entretient sans les engraisser. Elles exercent sur les laines une influence salutaire ou nuisible, selon qu'elles sont bien ou mal tenues; la laine devient douce, fine, moëlleuse dans un air chaud et un peu humide; ferme, dure dans un air sec et froid; cassante dans un air impur chargé de gaz ammoniaque.

A chacun donc de régler l'aération et la température de ses bergeries selon le but qu'il se propose d'atteindre, et de distribuer les ouvertures suivant l'emplacement sur lequel sa ferme est assise; mais en toutes circonstances l'attention s'arrêtera sur les largeurs à donner aux portes. Celles-ci doivent être larges pour permettre un facile passage aux animaux et surtout pour éviter des accidents aux bêtes pleines; aucune arête ne pourra les blesser soit à leur sortie de la bergerie, soit à leur entrée. Une porte à deux battants, coupée à hauteur d'appui et s'ouvrant en dehors, est toujours avantageuse. En été, on laisse le dessus ouvert et cela sert de fenêtre.

On a recommandé de remplacer les bergeries closes par des hangars soutenus par des pilastres. Ce système a été adopté par M. Bella, à l'Ecole d'Agriculture de Grignon. Voici la description qu'en donne M. Magne : M. Bella a fait construire à Grignon deux rangs de pilastres en maçonnerie brute, qui, concurremment avec deux rangs de poteaux en bois, supportent la charpente. Les espaces de 2^{m} 80^{c} de largeur restant entre les pilastres sont remplis jusqu'à 1^{m} 30^{c} de hauteur par de petits murs dans lesquels sont pratiquées des portes; le reste de la hauteur jusqu'au sommet des pilastres est occupé par de simples châssis qu'on recouvre de paillassons, ceux du nord en hiver, ceux du midi en été. Les deux extrémités de la bergerie sont fermées par des murs pleins qui forment pignons, dans lesquels sont pratiquées deux portes charretières pour le passage des voitures qui rentrent les fourrages et qui enlèvent le fumier. Le plancher est élevé de 3^{m} 55^{c} au-dessus du sol. La bergerie est divisée intérieurement par des râteliers doubles occupant les espaces compris entre les poteaux de chaque travée.

Avec le système des bergeries closes il est certaines précautions à prendre relativement au fumier pour conserver à la laine toutes ses qualités. Le fumier, il est vrai, peut demeurer longtemps dans les bergeries sans donner naissance à des causes d'insalubrité; mais cependant il est nécessaire de l'enlever quand il est humide, sans quoi il pourrit la corne des pieds, détermine la maladie de l'ongle appelée *piétin*, en même temps qu'il altère la laine, dont il brûle l'extrémité des mèches. Si l'air de la bergerie devient impur, on voit apparaître d'autres maladies, telles que la *pourriture*, la *gale*, la chute partielle de la laine. Alors que les effets de la viciation de l'air ne sont pas aussi intenses, la toison prend une teinte rousse, le brin de la laine est dur et cassant. Enumérer ces inconvénients, n'est-ce pas prouver que si l'hygiène des habitations des bêtes ovines n'est pas aussi détaillée que celle applicable aux écuries et aux étables, elle a cependant quelques règles que le propriétaire d'un troupeau ne saurait impunément enfreindre.

SECTION QUATRIÈME.

Des loges à porcs.

On donne indistinctement le nom de loges, de toits à porcs et aussi celui de porcherie à l'habitation des animaux de l'espèce porcine. Dire que le porc a besoin, pour conserver sa santé, d'être logé sainement et proprement, c'est énoncer un fait qui sans doute étonnera beaucoup d'entre les gens qui, chaque jour, soignent cette espèce animale? Comment, s'écriera-t-on, le porc qui se vautre avec tant de plaisir dans la fange, qui choisit de préférence à tout autre endroit le lieu le plus sale de la cour pour se coucher, est exigeant de propreté? Eh bien! oui, cela est vrai. L'observation des mœurs de cet animal nous le démontre mieux que toute espèce de raisonnement. « De tous les animaux domestiques, écrit M. Magne, le porc est le seul qui, libre, ne dépose ses excréments ni sur sa litière, ni même dans son habitation : c'est le besoin de se débarrasser des corps qui l'incommodent, de nettoyer sa peau, qui le porte à rechercher l'eau, et même à se vautrer dans la boue. Nous interprétons mal son instinct quand nous le considérons comme recherchant par goût la malpropreté. » Puisqu'on ne saurait placer la porcherie, ainsi qu'on le croit généralement, en tous endroits de la ferme et sans égards pour les exigences des animaux qui doivent y être enfermés, voyons comment on doit construire ces loges.

Le plancher d'une case à porcs doit être pavé et présenter une pente suffisante de chaque côté pour l'écoulement des immondices liquides dans une rigole qui les conduit dans une citerne, où elles sont recueillies pour être ensuite utilisées. Essentiellement destructeur, le porc a dans le groin une force telle qu'il lui est possible de remuer avec cette partie de sa tête des corps assez lourds et de creuser des trous assez profonds. De là la nécessité d'employer pour la construction du sol de son logement des matériaux très-durs, tels que des dalles, des pavés de petite dimension ou bien des briques placées de champ. Il est bon aussi de mettre une grande solidité dans l'élévation des murs.

Une litière abondante est nécessaire surtout au porc qui, par instinct, aime beaucoup la propreté. Non-seulement un lit moelleux lui procure un bien-être favorable à son engraissement, mais il lui offre aussi un abri contre les extrêmes de température qui l'incommodent. Le porc est très-sensible au froid de l'hiver; il est peut-être plus sensible encore aux fortes chaleurs. Celles-ci sont même très-nuisibles aux animaux gras. Ces considérations conduisent à recommander que les loges soient exposées au Nord plutôt qu'au Midi, attendu qu'il est plus facile de soustraire le corps des bêtes porcines aux effets du froid qu'à ceux de la température trop intense en calorique.

Le toit du porc sera aussi le moins humide et le plus aéré possible; sa hauteur suffisante pour qu'un homme puisse y pénétrer debout. Pour les loges complétement fermées, on réservera, outre la porte, une ouverture pour le renouvellement de l'air. Si les loges sont établies le long d'un corridor, sous une toiture commune, elles ne sont, le plus souvent, formées que par des murailles de 1 mètre 80 à 2 mètres de hauteur, alors il est facile de les aérer.

M. de Lasteyrie donne 3 mètres 20 de surface à chaque truie ou porc d'engrais. M. Block demande 3 mètres à 3 mètres 50 et 2 à 3 mètres pour les verrats ; il accorde à chaque cochonneau 1 mètre 50, ce qui fait en moyenne, eu égard à la composition ordinaire d'un troupeau de cochons dans l'éducation, 2 mètres 55 carrés par tête d'animal. Quand on se borne à faire des bêtes d'engrais, il faut adopter le chiffre de 3 mètres 20 carrés par tête. M. Magne veut que, pour loger deux porcs à l'élevage ou à l'engrais ou bien une truie nourrice et ses petits, la loge ait 3 mètres 50 de longueur sur 2 mètres de largeur.

On peut, dans une même loge, placer trois ou quatre porcs ; mais il vaut mieux les diviser par deux ou trois au plus. Les animaux sont alors plus tranquilles et ils s'engraissent plus vite. Les femelles prêtes à mettre bas ont besoin, plus que toutes autres, d'être favorablement traitées sous le rapport de l'hygiène ; elles seront placées dans des loges commodes et construites de telle sorte qu'il existe tout au tour, à partir du sol jusqu'à une certaine hauteur, une espèce de corridor dans lequel les petits gorets peuvent pénétrer. On évite, en ne négligeant pas cette simple précaution dans la construction de la loge, les accidents trop fréquents dus à l'écrasement des nouveaux-nés par leurs mères quand celles-ci se couchent pour leur livrer leurs mamelles. Disons aussi qu'en plus de ces dispositions intérieures les porcs se trouvent bien de rencontrer devant leur logement une petite cour dans laquelle ils sortent et une mare pour s'y baigner. Enfin, l'auge destinée à recevoir la nourriture présentée aux animaux sera placée de manière que le porcher puisse distribuer les aliments du dehors, et la moitié correspondant à l'intérieur devra être pourvue d'un couvercle à charnières qu'on pourra ouvrir et fermer à volonté. Des compartiments intérieurs limiteront la place et la quantité de nourriture réservée à chaque animal.

SECTION CINQUIÈME.

Du Poulailler.

« Lorsque nous voulons élever des poules dans le but d'en tirer race, dit M. Jacque dans sa monographie des poules indigènes et exotiques, il faut d'abord savoir comment nous les logerons. » On doit s'inquiéter, ajouterons-nous, de savoir comment on logera les poules, non-seulement quand on veut en tirer race, mais encore quand on les entretient pour tout autre produit. Dans certaines exploitations agricoles, le revenu fourni par les basses-cours aide puissamment à payer le fermage. Mais pour arriver à un tel résultat, il est indispensable qu'on s'occupe sérieusement de l'entretien des volatiles. Etudions donc, avec quelques détails, comment on établit et comment on gouverne le poulailler dans une ferme bien tenue.

Cette question du poulailler, assez négligée de nos jours, a fixé il y a longtemps déjà l'attention des Agronomes. Columelle voulait que les poulaillers soient exposés à l'orient d'hiver afin que, suivant l'expressiou de Prudent Choyselat, le soleil du matin puisse donner le bon jour aux poules qui se délectent fort du soleil *matutinal*. Le gésinier sera exposé au levant, non pas pour la raison que donne Columelle, mais parceque toute autre orientation serait incommode pour les volatiles. Une chaleur trop vive gêne les poules, les affaiblit et protège la pullulation des mites, insectes qui jouent, selon M. Jacque, chez les volailles, un rôle encore plus horrible que celui des punaises dans certaines habitations des hommes. D'un autre côté, l'excès de froid engourdit les poules; l'air humide leur cause des douleurs rhumatismales. Enfin, l'exposition, au couchant, ne laisse que trop tardivement arriver les rayons du soleil.

Bien que le poulailler doive être plutôt obscur que clair, les animaux qui l'habitent ont cependant besoin d'air, de lumière et d'espace. Des ouvertures grillées sont ménagées à moitié de la hauteur des bâtiments, l'une dans la paroi de l'habitation tournée au soleil levant; l'autre dans la partie haute de la porte, afin d'établir un courant d'air. Ces fenêtres sont fermées, lors des grands froids, par des châssis vitrés laissant passer les rayons lumineux. Suivant M. de Gasparin, pour 100 poules il faut une pièce ayant 4 mètres 50 de longueur dans œuvre et 4 mètres de largeur, ou une pièce ayant 6 mètres 50 de longueur et 3 mètres de largeur.

Le sol du poulailler sera construit de telle sorte qu'il ne soit jamais humide. Pour cela on l'établit avec une couche sablonneuse ou terreuse de 5 à 6 centimètres d'épaisseur qu'on recouvre de sable siliceux. On peut ainsi, au moyen d'un râteau à dents fixes et rapprochées, enlever les fientes tombées à la surface. Ce sol est recouvert d'une couche de litière souvent rafraîchie et entièrement renouvelée au moins tous les quinze jours. Quant aux murailles, on a le soin de les blanchir en dehors et en dedans et de les conserver unies, afin d'éviter les cavités pouvant recéler les mites.

L'intérieur d'un poulailler est garni de quelques ustensiles d'une nécessité très grande. On appelle *juchoir* ou encore *perchoir* une échelle de largeur proportionnée à celle du poulailler et au nombre de têtes de volatiles qu'il renferme, dont les échelons sont assez écartés les uns des autres pour que les poules s'y placent à l'aise, et disposée de telle sorte que la volaille placée sur les degrés inférieurs ne reçoive pas sur elle la fiente de celle qui est juchée plus haut. D'après M. Mariot-Didieux, le premier échelon n'est élevé, au-dessus du sol, que de 20 centimètres. Cette disposition nous paraît favorable, car elle permet aux jeunes poussins d'y monter dès qu'ils commencent à percher. Il est nécessaire que les échelons du juchoir soient carrés, afin que les oiseaux puissent y conserver l'équilibre. Les meilleurs perchoirs sont établis en forme de chevalets mobiles, rangés en échelons sur chaque face du poulailler. Il est important aussi que les poules ne manquent jamais d'eau. A cet effet on place dans le gésinier de petits abreuvoirs dans lesquels se trouve toujours une eau claire et fraîche, et l'on choisit les endroits où les volatiles ne passent pas continuellement, parce qu'ils piétineraient dans le liquide, se mouilleraient les pattes à chaque instant et rendraient le sol humide et gâcheux. On fait aujourd'hui, pour les poulaillers, que nous appellerons de luxe, de jolis appareils ou abreuvoirs siphoïdes en zinc dans lesquels l'eau reste propre parce qu'elle vient remplacer, au fur et à mesure qu'elle est bue, l'eau qui est dans un petit récipient demi-circulaire soudé au bas de l'abreuvoir.

Dans les compartiments réservés aux poules dont on recueille les œufs comme produits, il faut placer des *paniers à pondre*. A l'intérieur des poulaillers, contre les murs, sont fixés des paniers d'osier garnis de foin bien sec : au-dessus se trouve une planche en forme de toit, afin que la fiente des autres poules ne salisse pas les pondeuses. Ces nids sont à l'intérienr fournis d'une garniture saine et propre. Les avis sont partagés sur la substance la plus convenable pour former la garniture des paniers. Choysselat recommande le foin comme plus chaleureux et moins sujet à engendrer la vermine; Olivier de Serres, Parmentier et d'autres sont de cet avis. Certains observateurs conseillent d'employer soit la paille d'avoine ou de blé, soit la bruyère ou les mousses, en ayant toutefois la précaution de mettre au fond des nids un peu de cendre de bois pour l'assainir. Quelle que soit la garniture que l'on adopte, l'essentiel, écrit avec raison M. F. Malezieux, est de la renouveler assez souvent, c'est-à-dire environ tous les quinze jours, après avoir préalablement lavé les nids, afin de détruire les poux et d'autre vermine, avec une éponge trempée dans une décoction de tabac et de staphisaigre. On peut aussi ménager, dans l'épaisseur des murs, des niches de 15 centimètres de profondeur et autant de hauteur; chacune de ces niches doit être munie d'un rebord mobile en bois de 6 à 7 centimètres de hauteur. Quand le nombre de ces petits compartiments est assez élevé, ceux-ci peuvent être placés sur deux ou trois rangées superposées jusqu'à 1 mètre et demi de hauteur. Enfin, si l'on veut viser à l'économie, tout en conservant la propreté nécessaire, on construit les niches à l'aide de planches en bois blanc uni. Les grandes planches horizontales sont pourvues en dedans de coulisses également en bois pour y introduire des cloisons mobiles. Le bord de ces niches, ainsi que le prescrit M. Mariot-Didieux, doit avoir également un rebord en bois mobile de 6 à 7 centimètres de hauteur. On peut augmenter le nombre de ces niches ou paniers à pondre pour ainsi dire à volonté en les multipliant en hauteur.

Le compartiment consacré aux poules couveuses est, dans une basse-cour bien entendue, éloigné de toute cause de bruits effrayants pour ces volailles. On ne pratique aux parois de ce gélinier que les ouvertures nécessaires pour y laisser pénétrer peu de rayons lumineux. Les paniers à couveuses, dont les formes peuvent être différentes suivant les habitudes des localités, selon aussi les emplacements, sont disposés sur des planches plates de la largeur de 45 centimètres fixées autour de la chambre, sur des tréteaux solides, de 50 centimètres de hauteur. Ces paniers, tout en permettant à la poule d'être à l'aise, ne doivent cependant être assez spacieux pour lui permettre de grands ébats. On évite ainsi la perte des œufs par la casse.

Il est toujours avantageux que les volatiles trouvent à leur portée soit de petites fosses contenant du sable fin, soit un petit carré de terre recouvert de graviers sur lesquels les poules se roulent pour se débarasser des insectes qui les incommodent. Enfin, une cour, dite cour aux ébats, d'une étendue en rapport avec le nombre des volatiles, aide beaucoup à l'entretien de la santé et à la production des œufs. Nous conseillons de visiter, comme spécimen de ces cours aux ébats, celles construites dans les jardins de la Société impériale d'Acclimatation, à Paris. Un mètre carré de surface ou un centiare de terrain suffit pour les ébats de deux poules. Le sol de nature siliceuse est très-convenable à l'établissement de cette cour. Quant à la clôture, elle sera élevée et construite de telle sorte que les volatiles ne puissent les franchir ni passer à travers. Afin d'éviter les fâcheux effets, sur la santé des poules, du dégagement de gaz ammoniacaux, le sol de la cour sera de nature à pouvoir être remué au moins une fois par mois; il sera aussi recouvert constamment d'une couche de sable. Quelques arbres peu élevés et à feuillage épais offriront pendant l'été l'ombrage indispensable aux oiseaux.

SECTION SIXIÈME.

Du Rucher.

Les abeilles sont des insectes utiles et industrieux dont la culture est assurément très-productive. Un rucher bien administré est une véritable petite fortune pour l'agriculteur soigneux. Nous avons lu quelque part l'histoire d'un modeste curé de campagne qui trouvait dans la culture des abeilles assez de bénéfices pour venir en aide, chaque année, aux familles nécessiteuses de la petite commune qu'il desservait. Il est à regretter que l'on s'occupe si peu dans les villages de l'entretien de ces insectes; on trouve cependant dans cette branche d'une industrie qui se rattache très-directement à la science agricole un revenu net, positif, qui ne saurait distraire des soins à donner à la surveillance des autres produits de l'exploitation. Peut-être ignore-t-on trop généralement encore qu'un tout petit insecte comme l'abeille, dont la production individuelle est minime, peut, entretenu sur une grande échelle, fournir de très-beaux revenus. Peut-être aussi pense-t-on qu'il faille, pour s'occuper d'apiculture, s'imposer de grandes dépenses, y consacrer des soins minutieux qui éloigneraient momentanément des travaux ordinaires des champs. Il n'en est rien cependant. Alors que la conservation des abeilles exige des précautions, le sol ou bien est ensemencé ou ne demande que les labours préparatoires à la semaille. C'est pendant l'hiver surtout, et presque exclusivement à cette saison de l'année, que l'on s'occupe de la culture de ces insectes. On s'adonne peu à l'apiculture parce qu'on redoute trop les désastres causés par les froids rigoureux. Les fâcheux effets de la mauvaise saison seraient bien amoindris si on s'attachait davantage à la conservation des abeilles. Aujourd'hui l'agriculture est une science qui a ses principes et ses lois; les cultivateurs, éclairés par des études théoriques dont les données sont ensuite contrôlées par la pratique, comprennent ou du moins doivent comprendre que toutes les branches des connaissances se rattachant à l'art agricole sont de leur domaine. A ce titre donc l'apiculture doit les intéresser. C'est pour propager l'adoption d'idées trop généralement méconnues du monde agricole que nous croyons utile de placer ici quelques notions générales sur l'éducation des abeilles, et de traiter dans ce chapitre, exclusivement réservé à l'hygiène des habitations, des conditions favorables à l'établissement des ruches.

L'étude des lois qui doivent diriger dans l'entretien et la conservation des abeilles n'est pas moderne; de tout temps les philosophes et les agronomes se sont occupés de ces insectes. Quelques-uns assurément, comme Aristote et Virgile, ont semé l'erreur à côté de la vérité; mais, malgré cela, ils ont eu le grand mérite d'attirer l'attention vers l'apiculture. A une autre époque on a eu aussi le tort de se laisser entraîner vers le domaine de l'extraordinaire en étudiant les mœurs assurément curieuses des abeilles. On a cru voir dans leur vie intime une forme de gouvernement régulier, une monarchie sans dissensions, et l'on a, imbu de ces idées attrayantes, écrit sur la conduite de ces insectes travailleurs de charmantes dissertations. Mais, quand des observateurs plus sérieux, ou du moins plus calmes, tels que Swammerdam, Maraldi, Riem, Schirach, Réaumur et l'infortuné Huber, privé de la vue dès son jeune âge, ont mieux compris les secrets des abeilles et en ont été les historiens plus fidèles, dès ce moment, disons-nous, l'apiculture prit place dans le catalogue des connaissances nécessaires aux agriculteurs. De nos jours ces connaissances forment une science proprement dite avec ses principes clairement établis, grâce aux travaux d'hommes distingués parmi lesquels nous citerons MM. Hamet, de Frarière et Debeauvoys. Profitons donc des travaux de ces éminents apiphiles pour rapporter ici les lois qui doivent diriger l'hygiène des habitations des abeilles.

On donne ordinairement le nom de ruche au logement qu'on fournit aux abeilles domestiques. Cependant on emploie quelquefois par extension cette même dénomination pour désigner une colonie d'abeilles et ses travaux. Mieux vaut, et nous sommes de l'avis de M. Hamet, se servir dans ce dernier cas de l'expression de *ruchée*. Ainsi la ruche, c'est le logement, l'habitation des abeilles, et la ruchée est tout ensemble les individus qui peuplent la ruche et les travaux qui y ont été exécutés par eux.

Réduite à sa plus simple expression, la ruche est un panier de paille ou d'osier, de forme plus ou moins conique, et ne présentant pour l'entrée des abeilles qu'une seule ouverture située à la partie inférieure. Il en a été de la construction des ruches comme des habitations de l'homme ; avec les différentes époques le style a changé ; on a perfectionné ces modestes chaumières, et on les a remplacées par des compartiments élégants et commodes. Aujourd'hui les dispositions affectées aux ruches sont nombreuses. Nous trouvons dans les traités spéciaux d'apiculture des modèles de ruches dont les formes varient suivant les pays, suivant les apiphiles. Le cadre que nous nous sommes tracé ne nous permet pas de décrire toutes les variétés apportées dans la construction des compartiments réservés aux abeilles ; nous ne nous occuperons que des lois fondamentales d'hygiène qui doivent être observées pour élever avec fruit les insectes desquels nous obtenons et le miel et la cire.

L'éducation des abeilles n'est productive qu'autant qu'elle est entreprise sur une échelle d'une certaine étendue. Il faut admettre en principe que l'on a toujours plusieurs ruches à gouverner. Le local, couvert ou non couvert, dans lequel on réunit ces ruches s'appelle *rucher, apier* ou *abeiller,* ce qui indique qu'il y a des ruchers en plein air et des ruchers abrités ou couverts.

Une première condition indispensable pour la réussite d'un rucher, que celui-ci appartienne à l'une ou à l'autre de ces deux catégories, c'est qu'il soit assis sur un terrain sec. L'humidité est très-nuisible aux abeilles. Un sol humide a cet inconvénient qu'il occasionne promptement la moisissure des rayons ou cloisons établis par les insectes pour y déposer leurs produits ; il vicie l'air de la ruche et détermine chez ses habitants une maladie dite la dyssenterie. Il ne convient donc pas de choisir des endroits bas et humides pour y établir des ruchers.

Ruchers en plein air. — Les ruches ne seront pas placées immédiatement sur la terre, elles seront élevées au-dessus du sol de manière à les soustraire aux attaques des ennemis des abeilles. Cette élévation est plus ou moins grande selon l'état même du terrain. Ainsi, sur un sol sec et éventé elle est de 20 à 35 centimètres ; on va jusqu'à 40 cent. et même 50 cent. si le sol est un peu humide. Autant que faire se peut on place les ruches contre une haie ou à 1 mètre au moins en devant d'un mur, afin d'éviter la concentration des rayons du soleil.

L'espacement de ces mêmes ruches est relatif à l'étendue du terrain dont on dispose ainsi qu'au nombre qu'on en possède. On porte à 40, à 50 centimètres, quelquefois aussi jusqu'à 60 ou 80 cent. la place laissée entre chaque habitation d'essaims. Quelle que soit la distance qu'on adopte, il faut toujours s'arranger de telle sorte qu'on puisse circuler entre les ruches.

Pour garantir les ruches contre les effets fâcheux de l'humidité, on les entoure d'une espèce de *chemise* formée d'une botte de paille liée par l'extrémité où se trouvent les épis, et placée sur la ruche de manière que les brins de paille, en s'écartant les uns des autres et la débordant de tous côtés, lui forment une toiture.

Ruchers couverts. — Un bâtiment étroit et long, dont les dimensions varient avec le nombre des ruches, sert d'abri aux habitations des abeilles. On a calculé que 1^{m} 50^{c} est une largeur suffisante pour des ruches ordinaires en paille, et qu'une longueur de 6^{m} permet de convenablement placer douze ruches de 35 à 45^{c} de diamètre. Si le rucher a plusieurs étages, le premier est à 20^{c} au-dessus du sol, quand ce sol est sec ; mais s'il est humide, alors l'élévation est plus grande. Le second étage est à 95^{c} au-dessus du premier et à égale distance de la toiture.

Les avis sont partagés sur l'orientation à donner aux ruchers. Dans les pays méridionaux, l'exposition au Sud ne vaut communément rien, parce que, en été, les rayons du soleil de midi font fondre la cire, liquéfient le miel et asphyxient même les abeilles. Bien que dans les contrées du Nord les effets de la chaleur soient moins redoutables, il n'est cependant jamais prudent d'y établir les ruches en plein Midi sans les abriter d'un bon surtout de paille, à moins toutefois que le rucher puisse se fermer en avant au moyen de châssis mobiles. L'exposition au Levant est préférée par beaucoup d'apiculteurs, qui pensent que la présence du soleil matinal engage les abeilles à sortir plus tôt.

Quelle que soit la latitude, écrit M. Hamet dans son Cours pratique d'Apiculture, il faut avant tout que les ruches soient le plus possible abritées des vents dominants qui amènent souvent la pluie. Si ces vents viennent de l'Ouest et du Nord, il faut établir les ruches de manière qu'elles soient abritées de ces côtés, et que leur sortie se trouve à l'Est ou au Sud; si, au contraire, les vents viennent de l'Est ou du Sud, il faut les abriter de ces côtés, et tourner les entrées du côté de l'Ouest et du Nord.

Il faut aussi faire en sorte que les abeilles trouvent toujours facilement près des ruches l'eau qui leur est indispensable dans leurs travaux.

Ces données, bien que très-sommaires, sur l'hygiène des habitations des abeilles, suffisent cependant pour faire comprendre que les insuccès qu'obtiennent quelquefois les personnes qui commencent à s'occuper d'apiculture sont dus le plus ordinairement au défaut de leurs connaissances. On ne peut avoir des chances de réussite qu'autant que l'on se conforme à l'exécution des principes de la science. Nous engageons les agriculteurs qui voudraient s'occuper de la culture des abeilles à lire et méditer l'excellent ouvrage de M. Hamet, l'habile professeur d'apiculture au Luxembourg.

CHAPITRE DEUXIÈME.

De l'Alimentation.

Un double mouvement s'exerce dans le corps de l'animal depuis le moment où il fait, par une première inspiration, pénétrer l'air dans ses poumons, jusqu'à celui où il quitte la vie en opérant sa dernière expiration. De ces deux mouvements, encore appelés forces, l'un compose et l'autre décompose sans cesse l'être vivant. Les effets d'assimilation sont attribués au premier, et les résultats de la désassimilation au second. Tant que dure la vie, ces deux antagonistes sont sans cesse en présence. L'un, et c'est toujours le même, finit par vaincre l'autre en amenant peu à peu, dans les conditions normales du moins, l'animal à son terme fatal, c'est-à-dire à la mort. Si les fonctions appartenant à l'ordre de la désassimilation agissaient seules, sans rencontrer d'obstacles, la durée de la vie serait courte; mais, heureusement, d'autres fonctions viennent fournir au corps les éléments réparateurs des pertes qu'il subit à chaque instant, et annihiler, en partie, les fâcheux effets des premières. Au nombre des fonctions préposées aux phénomènes de l'assimilation se trouve celle désignée sous le nom de nutrition. C'est à l'aide de l'alimentation surtout qu'il est possible de fournir aux organes les éléments indispensables pour récupérer, autant que faire se peut, les pertes subies par l'économie. M. Baudement a donc eu raison d'écrire que « l'alimentation du bétail est le problème capital de la zootechnie, le plus important et le plus difficile à résoudre, c'est-à-dire la zootechnie toute entière. » Ces expressions de M. Baudement démontrent, avec l'autorité qui ressort du savoir de cet éminent professeur, quels soins on doit apporter dans l'alimentation des animaux.

Notre cadre ne nous permet pas de faire une étude complète des connaissances actuelles sur cette partie de la science zootechnique; néanmoins, nous nous attacherons à traiter quelques-unes des questions les plus importantes, et nous choisirons, parmi le catalogue, celles qui offrent un véritable intérêt aux hommes praticiens, aux propriétaires d'animaux pour lesquels nous écrivons tout spécialement ce livre.

SECTION PREMIÈRE.

Des aliments en général. — Préparation des substances alimentaires.

On donne en hygiène le nom d'*aliments* ou de substances alimentaires aux corps susceptibles d'être modifiés par les organes préposés à l'accomplissement de la digestion, ou du moins d'être absorbés et mêlés au fluide nutritif pour être assimilés aux tissus.

Les substances alimentaires sont principalement fournies par les plantes et par les animaux eux-mêmes. Elles sont ou solides ou liquides. Sous ce dernier état, elles reçoivent le nom de *boissons*. Le besoin de prendre les aliments se traduit chez les animaux par deux sensations particulières : l'une, la *faim*, est l'avertissement du besoin de manger et aussi de la bonne disposition où se trouve l'estomac de bien digérer ; l'autre, la *soif*, porte les animaux à la préhension des liquides. Ces deux sensations, indépendantes l'une de l'autre, puisqu'on a soif sans avoir faim et faim sans avoir soif, se manifestent par des phénomènes extérieurs. Quand arrive l'heure des repas, les animaux semblent attentifs à tout ce qui se passe autour d'eux ; ils suivent du regard les moindres gestes de la personne habituellement chargée de les soigner ; ils se lèvent à son arrivée, s'agitent, hennissent, beuglent ou crient suivant les espèces auxquelles ils appartiennent ; ils grattent le sol de leurs pieds ou trépignent ; en un mot, ils témoignent d'une vive impatience. Si l'abstinence a été d'une certaine durée ; si la sensation de la faim est devenue plus intense, les signes extérieurs à l'aide desquels les besoins se manifestent sont plus vifs et plus suivis.

Les caractères de la sensation de la soif varient avec ses degrés. L'animal qui a soif cesse bientôt de manger, il est inquiet, s'agite, porte ses regards en différents endroits et demande à satisfaire son besoin en émettant le langage qui lui a été dévolu par la nature. Alors qu'il est libre, il se dirige vers les lieux où il a coutume de se désaltérer ; s'il en est empêché, il préfère, peu soucieux des châtiments, vaincre la résistance qui lui est opposée, tellement devient impérieux chez lui le besoin qu'il ressent. C'est que la sensation de la soif non satisfaite est plus insupportable d'abord, puis plus douloureuse que celle qui résulte d'une abstinence prolongée d'aliments solides.

D'après M. Boussingault, l'aliment de l'herbivore, pour fournir tous les matériaux nécessaires à l'entretien de la vie, doit renfermer : 1° *Une substance azotée*, c'est-à-dire celle qui reconstitue le sang et développe le système des muscles ou des chairs ; 2° *une matière grasse* qui fournit au corps les éléments aptes à développer la graisse ainsi que la sécrétion du lait ; 3° de la *fécule*, de la *gomme* et du *sucre*. Ces substances servent à l'accomplissement des phénomènes chimiques de la respiration et à la production de la chaleur animale ; 4° enfin des *sels* devant concourir au développement du système osseux. Sans la présence des sels dans la nourriture la charpente du corps serait molle, non résistante, et les sujets demeureraient rachitiques.

Pendant longtemps, on n'a su s'expliquer comment les herbivores trouvaient dans la nourriture végétale les éléments nécessaires pour constituer le sang et les tissus de leur corps. Des recherches assez modernes ont fait reconnaître que les plantes contiennent, sous une forme peu différente de celles qui leur appartiennent dans les solides animaux, les mêmes principes azotés indispensables à leur entretien et à leur accroissement. Dès-lors, on a compris que ces substances, pour être assimilées au corps, n'ont besoin que d'être légèrement modifiées. Il résulte de la similitude de composition des substances animales et des substances végétales que l'herbivore, ainsi que le dit M. Colin, qui vit de substances végétales n'est herbivore que de nom ; il se nourrit en réalité de chair, comme le fait le carnassier, mais de chair végétale.

Les aliments ne sont pas toujours donnés aux animaux tels qu'ils ont été récoltés. On leur fait quelquefois subir diverses préparations propres à les rendre plus appétissants, plus faciles à digérer, plus commodes à administrer, ou aussi plus faciles à conserver.

1° *Division des Aliments.*

Les excréments solides des grands animaux herbivores contiennent, le plus ordinairement, une certaine quantité de nourriture qui est rendue sans avoir été digérée. M. Valtat, vétérinaire, après plusieurs recherches faites dans deux dépôts de la Compagnie impériale des voitures de Paris, a trouvé que chaque cheval de coupé à un cheval rend dans ses excréments 150 grammes d'avoine sur 7 kilogrammes 500 grammes de grains d'avoine avalés dans vingt-quatre heures (le cinquantième), et que chaque petit cheval, de ceux attelés par paire à des coupés, rend 112 grammes d'avoine entière sur 4 kilogr. 125 grammes d'avoine mangée aussi dans vingt-quatre heures (le trente-sixième). Ainsi, il est évident que tous les grains donnés aux chevaux ne sont pas digérés, et qu'une certaine quantité, variable suivant une foule de circonstances, traverse le tube intestinal sans y subir de modifications favorables à la nutrition. Pour obvier à cet inconvénient, on a eu l'idée de soumettre les aliments à une préparation particulière, dite division et concassage.

On opère le concassage des grains à l'aide d'instruments particuliers, dits concasseurs. Cette opération, pratiquée sur l'avoine, ne doit pas être trop complète, parce qu'alors le grain est en quelque sorte rendu à l'état de farine. L'aliment est ainsi avalé sans avoir préalablement subi le travail de la mastication ; il n'est pas imprégné d'une quantité suffisante de salive, liqueur nécessaire à une bonne digestion. Il est mieux de faire passer seulement l'avoine entre deux cylindres tournant en sens inverse, de manière à ouvrir légèrement l'écorce enveloppante. Le grain, en tombant de l'instrument est aplati, son écorce est fendillée, meurtrie, écrasée dans le sens de sa longueur ; et, à travers les fissures, on aperçoit la farine restée tout entière, ou à peu près, dans son enveloppe corticale.

Les grains soumis au concassage augmentent de volume :

1 hectolitre	d'avoine concassée donne...			150	litres.
1	—	de seigle	—	— ...	130	—
1	—	d'orge	—	— ...	140	—

Selon M. Monin, de l'école de Grignon, l'augmentation de valeur nutritive suit à peu près la même proportion que l'augmentation de volume. On brise aussi en morceaux tous les autres grains utilisés pour la nourriture des animaux, et la même opération se pratique également sur les fèves, le maïs, les tourteaux, etc., etc.

La division raisonnée et méthodiquement établie des grains servant d'aliments offre trois principaux avantages : 1° la nourriture est mieux imbibée par la salive et par les sucs de l'estomac ; 2° elle est plus accessible à l'action chimique de ces sucs, plus facilement décomposée et mieux digérée ; 3° elle est conséquemment plus nutritive.

Malgré ces avantages, on en est encore à se demander aujourd'hui si l'usage des grains, et surtout de l'avoine concassée, est avantageux pour la santé des animaux de travail. M. Renault, inspecteur des écoles vétérinaires de France, est allé en Angleterre étudier l'application et les conséquences de ce mode d'alimentation. Il résulte du Mémoire publié par ce savant, en 1857 et 1858, qu'après tout ce qu'il a vu tant à Londres qu'en France, il s'en faut que les avantages de ce système de nourrir les chevaux soient chose jugée; il ne croit pas qu'il y ait lieu à en proclamer l'excellence, à en conseiller et prétendre qu'il faille en généraliser immédiatement l'emploi sur nos chevaux. Le seul mode sérieux d'examen qui convienne, c'est le contrôle d'une expérimentation pratique faite et suivie avec l'intelligente attention et la publicité qu'exige un pareil sujet.

Dans une discussion qui a eu lieu à la Société impériale et centrale d'Agriculture (juillet 1858), relativement à la substitution de l'avoine comprimée à l'avoine entière et de l'orge ou du seigle à l'avoine pour la nourriture des chevaux, il s'est trouvé quelques partisans de l'administration de l'avoine aplatie, mais le plus grand nombre des membres qui ont pris la parole a émis une opinion contraire. M. Barral fait sur ce sujet une réflexion très-judicieuse que nous transcrivons textuellement : « Selon des hommes qui connaissent très-bien les chevaux et en nourrissent un grand nombre, le concassage n'a de véritable mérite que pour les vieux animaux ; aux jeunes bêtes et aux chevaux dans la force de l'âge, il est bon de continuer l'avoine entière. »

De même qu'on divise les grains, de même aussi on divise les plantes fourragères à l'aide d'instruments spéciaux appelés *hache-paille*. Les avantages qu'on peut attendre de l'usage des fourrages hachés sont aussi contestés pour les cas où on y a recours dans un but d'économie. Il n'en est plus ainsi quand ce procédé mécanique est employé pour faire consommer des nourritures de médiocre qualité.

Voici à quelles conclusions est arrivé M. Leblanc, qui s'est beaucoup occupé de la question de l'alimentation des chevaux par l'avoine et l'orge comprimées et par le foin haché :

1° Les aliments (avoine, foin et paille) tels qu'ils sont récoltés, donnés aux chevaux *faisant un fort travail au trot*, produisent un meilleur résultat (à moins que les grains ne soient très-durs) que les mêmes aliments, à poids égal, qui ont été préalablement divisés (que les grains aient été concassés ou seulement comprimés).

2° Le prix de la ration d'aliments entiers capables de maintenir un cheval en bon état de travail à allure vive est moins élevé que celui d'une ration d'aliments divisés (y compris les frais de manutention), capables aussi de maintenir un cheval dans le même état.

3° Quelques faits prouvent que du foin haché et de l'avoine comprimée ne peuvent pas être impunément substitués, avec une diminution totale, au foin non haché et à l'avoine non comprimée dans le régime de chevaux de gros traits allant au pas.

4° Il faut être très-réservé, dans tous les cas, lorsque l'on substitue des aliments comprimés à des aliments entiers, surtout quand l'aliment comprimé est de l'orge.

L'emploi des fourrages hachés, momentanément donnés aux animaux, est avantageux quand on a, avons-nous dit, des denrées alimentaires de médiocre qualité. On peut, en effet, mieux effectuer le mélange de cette nourriture défectueuse avec de bons aliments. L'effet malfaisant est amoindri et la santé n'en est pas altérée. Il est nécessaire de mêler les fourrages qui varient de qualités avant de les couper. Le mélange en devient plus intime, et les animaux le mangent sans faire de triage.

Enfin on divise aussi les tubercules et les racines en les soumettant à l'action des instruments dits *coupe-racines*. Ainsi traités, ces aliments peuvent être convenablement mangés par le bétail ; ils leur sont offerts sous formes de rondelles, de lanières ou de petits parallélipipèdes. Dans les petites exploitations, les racines sont coupées à la main avec des couteaux ou bien encore à l'aide d'instruments tranchants placés à l'extrémité de manches en bois et que l'on manœuvre en frappant. On adopte l'usage des instruments spéciaux dans les grandes exploitations agricoles.

2° *Mélange des substances alimentaires.*

L'expérience, dit M. Magne, a prouvé que les fourrages consommés les uns après les autres nourrissent moins que si on les donne en même temps; mais c'est lorsqu'on les a mélangés pour en faire un aliment composé qu'ils produisent le plus d'effet. On obtient par le mélange de fourrages, qui, pris isolément, seraient médiocres, une nourriture substantielle. Ces mélanges ont besoin d'être faits avec un certain art. Ils ne sont avantageux qu'autant qu'on prend en considération dans leur confection la saveur, l'odeur, la consistance, la porosité des substances alimentaires et leur digestibilité. On entend par digestibilité, la propriété que possèdent les substances alimentaires d'être plus ou moins facilement digérées.

Quand on mélange ensemble des racines ou des tubercules avec des fourrages hachés, il faut avoir la précaution de prendre une quantité de substances sèches assez grande pour qu'elles puissent absorber l'excès d'humidité contenue dans ces racines ou tubercules. On obvie ainsi à l'effet fâcheux que produirait sur l'économie animale une nourriture par trop aqueuse.

3° *Fermentation.*

On détermine quelquefois, pour rendre les fourrages plus appétissants, une fermentation de quelques jours. Cette opération a été adoptée d'abord en Allemagne, sous le titre de méthode de préparations des fourrages par échauffement spontané; elle s'est ensuite introduite en France. Pour effectuer la fermentation, on mélange des fourrages secs divisés (foins, pailles, balles, siliques de colza, etc.) avec des aliments très-aqueux (racines ou tubercules hachés, marcs ou résidus de féculerie, de brasserie, de fabrique de sucre ou d'alcool de betteraves); on place par couches alternatives où l'on mêle, dans des cuves ou dans de grands récipients, les fourrages secs et les matières aqueuses, puis, après l'addition d'une petite quantité de sel commun, on recouvre le mélange. Bientôt la température des cuves s'élève jusqu'à 30 à 35 degrés et même plus; la fermentation s'établit après 48 à 72 heures, suivant la température du local, et le mélange tourne assez promptement à l'aigre. Les phénomènes chimiques qui se produisent ont pour résultat de ramollir, de liquéfier les substances dures; les matières inodores acquièrent une odeur agréable, la fermentation donne une saveur acidule ou sucrée à des aliments fades, insipides ou farineux. Sous son influence, des corps insolubles, peu riches en sucre, sont transformés en principes alcooliques dont les qualités sont de faire naître ou augmenter l'appétit, d'activer la digestion.

Les aliments sont en de bonnes conditions pour être présentés aux animaux alors que le mélange tourne à l'aigre ; mais si on tarde trop, si l'acidification est poussée trop loin, il peut y avoir inconvénient pour la santé des animaux.

Selon Mathieu de Dombasles, l'engraissement des porcs est plus prompt quand on fait aigrir la nourriture de ces animaux. Il paraît aussi que la distribution d'aliments fermentés aux chevaux poussifs atténue notablement les battements des flancs, et permet de tirer, pendant quelque temps encore, des services des solipèdes parvenus à une période avancée de cet état.

4° *Germination.*

En humectant les grains et en les plaçant dans un air assez chaud, on provoque la germination. Dans de telles conditions, ces graines s'imbibent de liquides, s'amollissent, n'offrent plus qu'une faible résistance à l'action mécanique des mâchoires ; elles sont facilement pénétrées par la salive, la digestion est facile. La seule précaution à prendre consiste à arrêter l'opération quand le germe a paru. « En général, on ne doit faire germer les graines qu'à mesure qu'on peut les faire consommer ; on les mouille et on les laisse deux ou trois jours, selon la température, en tas dans une caisse d'où on les sort pour les donner aux animaux. Il faut avoir, pour cette opération, deux, trois, quatre caisses contenant chacune la quantité de nourriture qu'on veut faire consommer par jour. » (Magne.)

5° *Macération.*

Cette opération, peu répandue, consiste à soumettre un corps à l'action d'un liquide froid pendant assez longtemps pour que ce dernier en sépare ses parties solubles. Par les macérations, les fourrages secs et durs sont rendus tendres et d'une digestion facile.

6° *Cuisson.*

La cuisson des aliments destinés aux animaux s'opère de trois manières différentes : 1° à sec; 2° par l'eau; 3° à la vapeur.

Le procédé à sec est employé sur les substances contenant assez d'eau pour fournir beaucoup de vapeur. Il est surtout adopté pour la cuisson des tubercules et des racines.

La coction par eau est appliquée aux substances sèches (foins, pailles, etc., etc.). Dans cette opération, une partie du liquide se combine avec le végétal. Un soin est à prendre dans cette préparation, c'est de retirer les aliments de l'eau aussitôt que la cuisson est complète, sans les laisser s'y refroidir. S'il en est autrement, les matières s'imprègnent de liquide, deviennent molles, insipides; et dans de telles conditions elles plaisent moins aux animaux.

Pour faire cuire les aliments à la vapeur, il convient de disposer, par lits alternatifs, dans un tonneau ou dans une cuve, des fourrages ou des pailles hachées, des racines, des tourteaux en poudre, etc., etc., et de faire traverser le mélange par un jet de vapeur provenant d'une chaudière voisine où l'eau est maintenue en pleine ébullition. On obtient, dit M. Isidore Pierre, des préparations alimentaires désignées sous le nom de *soupes*. Ainsi traités, ces aliments sont plus faciles à digérer, ils peuvent acquérir une qualité supérieure à celle qu'ils avaient auparavant.

La nourriture cuite pousse à la graisse; elle active la sécrétion laiteuse parce qu'elle est moins dure, plus digestive et partant plus nutritive. Toutefois, les chaires des bêtes soumises à l'engraissement à l'aide d'aliments cuits ne sont pas aussi fermes, ne renferment pas autant de principes assimilables, ne sont pas aussi estimées des bouchers que celles obtenues par l'usage d'une alimentation naturelle distribuée en quantité suffisante pour arriver au même point.

7° *Panification.*

A différentes époques et en différents pays on a essayé de nourrir les animaux, et principalement les chevaux, avec du pain, dans la composition duquel entraient différents ingrédients. Le but qu'on s'était proposé d'atteindre par l'adoption de cette pratique était double. On a voulu, dans les années de disette de fourrages ou de grains cultivés spécialement pour la nourriture des animaux, faire de l'économie; ou bien on a tenté de fournir aux chevaux auxquels peu de temps est laissé pour prendre leurs repas, une nourriture pouvant être rapidement consommée. Ces essais ont dû être abandonnés par cette raison que le tube digestif a besoin de leste. La sensation de la faim ne tarde pas alors que les substances alimentaires sont très assimilables sous un petit volume, à se faire sentir, parce que l'estomac est trop tôt vide, parce qu'il ne conserve pas assez longtemps les aliments qui doivent entretenir son travail. Nous comprenons l'usage momentané du pain, quand, par une cause accidentelle, l'animal est obligé de prendre promptement une nourriture très alibile; par exemple, il est mieux de donner à un cheval, à moitié du parcours d'une très longue course, un repas de pain pour réparer les forces qu'il a dépensées et lui faire acquérir de nouveaux éléments dont il a besoin pour continuer son voyage, qu'un repas d'avoine en quantité suffisante pour arriver au même résultat physiologique. L'estomac trop plein gêne le jeu des poumons, en s'opposant par son développement à ce que la poitrine puisse se dilater autant que cela serait nécessaire. Mais faire du pain l'alimentation exclusive du cheval, c'est s'exposer à des inconvénients.

Voici quelques exemples de préparations de pain donné aux chevaux. Dès 1826, M. Darblay a eu l'idée de nourrir ses chevaux avec un pain économique ainsi composé : Farine de féverolles et farine d'orge non blutées, à parties égales, avec addition d'un peu de sel. Dans certains établissements industriels de Paris, l'alimentation des chevaux par le pain a occasionné de grandes pertes. C'était, si nous sommes bien informés, à l'époque où la réclame mettait en faveur le pain Fleulard. Suivant O. Delafond, cette nourriture ainsi travaillée se composait de beaucoup de farine d'avoine, d'un peu de farine de féverole, de farine de froment de très bonne qualité, et d'un peu de sel.

Après l'exposé que nous venons de faire des diverses préparations qu'on fait subir aux substances alimentaires, nous croyons devoir nous résumer en rappelant d'abord que ces manipulations rendent les aliments d'une digestion plus facile, qu'elles augmentent leur valeur nutritive. Mais nous observerons que, malgré ces avantages, on ne saurait trouver profit dans leur adoption qu'autant qu'on possède un assez grand nombre d'animaux. Employées sur une petite échelle, ces préparations, au lieu d'offrir de l'économie, occasionnent des frais qui ne sont pas payés par les bénéfices obtenus. Il faut donc, avant de changer le système ordinaire de l'alimentation, bien peser, d'un côté, les avantages qu'on obtiendra, et, de l'autre côté, les dépenses qu'elles nécessiteront, et voir encore si les effets physiologiques qui se produiront sous l'influence de la nouvelle méthode ne troubleront pas l'harmonie qui doit régner dans le jeu des organes. Sans ces précautions, on commettrait des erreurs préjudiciables, et aux intérêts des propriétaires, et souvent aussi à la santé des animaux.

SECTION DEUXIÈME.

Fixation des rations.

Dans le jeune âge, alors que le corps a besoin de grandir, de se développer, la force d'assimilation l'emporte sur la force de déperdition. A l'âge adulte, ces deux adversaires se combattent avec des chances à peu près égales; mais à l'époque de la vieillesse, l'un d'eux, celui que nous avons désigné comme représentant la déperdition, prend insensiblement le dessus, et toujours il finit par avoir gain de cause. Les phénomènes qui sans cesse se produisent dans le laboratoire vivant qu'on appelle un animal suffisent pour faire comprendre que la quantité de nourriture ne saurait être la même à tous les âges; ils nous permettent de concevoir aussi que les aliments doivent être différents, eu égard à leur valeur nutritive, suivant les époques de la vie des animaux. La ration, riche en principes assimilables, fournira aux jeunes sujets les éléments dont ils ont besoin pour se développer; une nourriture fortifiante et tonique convient aux bêtes parvenues à l'âge adulte, ainsi qu'à celles qui ont dépassé cet âge.

Une ration alimentaire n'est complète qu'autant qu'elle renferme, en quantité suffisante, les principes nutritifs dont l'animal a besoin. Il faut à chaque bête, pour être complètement nourrie, une quantité d'aliments en rapport avec la masse de son corps; aux grands animaux on doit distribuer plus de nourriture qu'aux petits. Pour qu'un animal soit rassasié, il faut aussi que le volume des substances alimentaires qui lui sont présentées soit en rapport avec le développement de son appareil digestif. Enfin, l'alimentation artificielle des animaux domestiques doit, autant que possible, se rapprocher de leur alimentation naturelle.

On admet généralement deux sortes de rations : l'une dite

ration d'entretien, l'autre *ration de production*. La première fournit à l'économie animale les éléments nutritifs nécessaires pour entretenir le corps dans l'état où il se trouve, ou mieux, pour rendre à l'animal l'équivalent des pertes qu'il a faites. La seconde est supplémentaire, c'est-à-dire qu'elle donne des produits utiles, en se transformant soit en tissu graisseux, soit en lait ou bien en laine, en travail ou bien encore en fumier, selon la nature des aliments et l'aptitude des êtres qui la consomment.

La ration d'entretien est la seule que l'homme doive distribuer aux animaux soumis à sa puissance dans le simple but de son plaisir. Ainsi nourris, ces animaux conservent la santé et les formes élégantes qui plaisent à l'œil. A vrai dire, c'est là l'exception, car nous n'avons pas beaucoup d'espèces animales qui soient entretenues pour leur gentillesse. L'homme sérieux préfère toujours l'utile à l'agréable ; il n'aime pas à dépenser, sans profit, les substances alimentaires qu'il obtient à force de travail et de sueurs. Retranchez du catalogue des espèces domestiques les quelques petites variétés qu'il conserve pour son agrément, et vous verrez que toutes les autres sont entretenues par lui dans un but d'utilité. Aussi fait-on plus souvent application de la ration de production que de la ration d'entretien.

Nous obtenons des animaux domestiques des produits variés. Les uns nous fournissent la nourriture nécessaire à l'entretien de notre santé, les autres procurent à l'industrie les matières premières qu'elle transforme pour les approprier à nos besoins ; il est des animaux que nous entretenons uniquement comme machines motrices. Avec les différents services ou produits que nous exigeons de nos espèces animales varie la somme d'aliments qu'il est nécessaire de leur présenter.

Animaux de travail. Pour les animaux de travail, la ration doit être une ration de production, c'est-à dire que ces animaux ont besoin de trouver dans leur nourriture assez de principes alibiles pour s'entretenir et pour acquérir les forces qu'ils dépensent en énergie musculaire. Mais comment peut-on arriver à bien fixer la somme d'aliments qui convient à un cheval ou à un bœuf qu'on attèle ? Si l'on fait attention à ce qui se pratique dans les fermes de notre contrée, on se demande si l'on peut sérieusement se poser cette question et en chercher la solution. En effet, on a l'habitude, chez nous, de jeter dans les râteliers des animaux de travail autant de fourrages, ou mieux , plus de fourrages qu'ils peuvent en consommer. On ne règle pas la quantité de nourriture ; l'appétit seul des bêtes sert de guide. Mais comme cette manière de faire n'est pas raisonnée, comme aussi elle ne saurait être imitée, nous devons examiner les règles à suivre dans la distribution des aliments.

L'état d'embonpoint des bêtes de travail peut diriger dans la fixation des rations. Si l'animal maigrit, quoiqu'il soit en bonne santé, c'est que chez lui le mouvement de déperdition l'emporte sur la force d'assimilation : augmentez alors sa ration ou bien diminuez ses fatigues. Prend-il au contraire trop d'état, agissez d'une manière inverse : diminuez la ration alimentaire et augmentez, si cela est possible, sans aller au-delà du terme de ses forces, la quantité journalière du travail. L'habitude de voir et de gouverner le bétail, l'œil vigilant du maître, sont des mesures plus justes pour doser les rations que toute espèce de calcul.

On a essayé d'établir certaines règles pour déterminer mathématiquement la quantité de nourriture qu'il convient de donner aux animaux. M. Boussingault admet que, pour un cheval de travail du poids de 500 à 550 kilogrammes, occupé de huit à dix heures par jour, il faut une ration quotidienne qui contienne au moins 155 grammes d'azote et environ 3,500 grammes de carbone dans les principes respiratoires. Mais ces données toutes scientifiques ne sauraient être mises en pratique par les propriétaires d'animaux, qui (pourquoi ne pas l'avouer) ne possèdent pas les connaissances pour doser exactement les quantités d'azote et de carbonne. Aussi nous parait-il plus convenable, dans cet ouvrage, spécialement écrit pour les hommes praticiens, d'établir quel doit être le poids de la nourriture comparé au poids même de l'animal. Il existe assurément et nécessairement une relation entre la taille, ou, si l'on veut, le poids du cheval et la quantité d'aliments qu'il consomme. Mais, dit M. Boussingault, les données manquent sur ce point. Voici néanmoins les résultats auxquels cet éminent auteur a été conduit par ses propres observations. Le poids du cheval moyen étant représenté par 486^k 5, il faut 3^k 08 de foin de prairies pour l'entretien diurne de 100 kilogrammes de poids vivant des chevaux travaillant huit à dix heures par jour. On a reconnu aussi que la ration quotidienne d'un cheval de 450 à 500 kilogrammes, évaluée en foin normal, est habituellement comprise entre 2 1|2 et 3 p. 0|0 du poids vif, tandis que pour les poneys, cette ration s'élève jusqu'à 4 p. 0|0. De ces observations, on a été amené à conclure que la ration proportionnelle des animaux *adultes* a besoin d'être, comparativement au poids vif, plus fortes pour les petites races que pour les grandes. Pour l'animal en voie de croissance, la proportion de la ration, eu égard au poids vif, est beaucoup plus élevée.

Chez les animaux de l'espèce bovine soumis au travail, on estime que la nourriture, composée de bon foin de prairie naturelle, égale le cinquantième du poids vif; de sorte qu'il faut 12 kilogrammes de bon foin, ou l'équivalent d'autres fourrages, pour la ration d'un bœuf de travail du poids de 600 kilogrammes. M. Nivière dit que 1,500 grammes donnés journellement par 100 kilogrammes en sus de la ration d'entretien, produisent six heures de travail.

Il paraît résulter des observations faites jusqu'à ce jour que la moyenne généralement applicable pour tous les animaux dont on tire parti, à l'exception des bêtes à l'engrais, est de 750 grammes de foin ou l'équivalent pour chaque quintal de chair vivante.

Bêtes à l'engrais. — Le système d'alimentation pour ces animaux n'est pas le même que celui suivi pour les bêtes de travail. Chez eux la fixation des rations ne saurait avoir d'autre limite que l'appétit plus ou moins stimulé. Malgré cette loi qui doit servir de base dans la distribution des aliments aux bêtes soumises à l'engraissement, on a voulu connaître, par l'expérimentation, la proportion à établir entre le poids de l'animal et le poids de la ration. D'après MM. Riedesel et Boussingault la somme de substances alimentaires données dans le but d'engraisser, peut aller jusqu'au trentième du poids de l'animal. On admet alors que 10 kilogrammes de foin produisent à peu près 1 kilogramme de viande contenant 250 grammes de graisse. M. de Béhague calcule que ses bœufs à l'engrais consomment par jour 3 pour 100 de leur poids et que leur poids augmente de 20 à 25 kilogrammes par mois.

Les moutons qui engraissent rapidement mangent dans le principe de 5 à 6 ou 7 pour 100, valeur en foin, de leur poids. Vers la fin de l'opération ils consomment moins. Mathieu de Dombasle donnait par jour à cent moutons 100 kilogrammes de foin, 50 kilogrammes de tourteaux de lin et 500 kilogrammes d'orge grossièrement moulue; il ajoutait des résidus de distillation à discrétion. Le foin était généralement employé haché, mêlé à la farine, aux tourteaux, et le tout humecté d'eau salée; l'engraissement était complet après six semaines ou deux mois de ce régime. M. Caffin d'Origny a fait des recherches sur la puissance nutritive des principaux aliments qui servent de base à l'engrais. Ses recherches ont porté sur plus de 40,000 têtes, et voici le résultat auquel cet expérimentateur est arrivé : Pour les bœufs, vaches et moutons, 1 kilogramme de viande est obtenu par 25 kilogrammes de foin sec de première qualité, ou par

30 kilogrammes de luzerne sèche, ou par 36 kilogrammes de trèfle sec, ou 17 kilogrammes de fourrages en grains, comme pois, vesces, féverolles, ou par 13 kilogrammes d'avoine, ou par 10 kilogrammes d'orge, ou par 7 kilogrammes de tourteaux de lin. Pour les porcs, 1 kilogramme de viande est produit par 7 kilogrammes d'orge ou par 10 kilogrammes d'avoine.

Vaches à lait. — Suivant M. Riedesel le fourrage de production (ce fourrage étant toujours supposé du foin ou l'équivalent) produit chez les vaches laitières pour chaque kilogramme de fourrage 1 kilogramme de lait ou 28 grammes d'accroissement du veau dans le sein de la mère.

Nous avons rapporté ici quelques-uns des résultats auxquels sont arrivés des expérimentateurs habiles cherchant à établir la proportion qui doit exister entre le poids de la ration et le poids des animaux afin de faire ressortir toute l'importance que l'on attache à bien régler l'alimentation. L'application des principes établis comme conséquences de ces expériences n'est pas à la portée de tous les propriétaires ; elle nécessite des connaissances que peu d'entre eux sont en position d'acquérir parce qu'elles demandent des études spéciales de longue durée et très-arides. Mieux vaut en pratique s'en rapporter à l'observation et régler la ration des animaux suivant leur état de santé, suivant aussi les services ou les produits qu'on veut obtenir d'eux.

L'animal duquel on a soin, celui auquel on distribue de la nourriture en quantité suffisante pour qu'il soit dans un état prospère de santé, est toujours apte à rendre les services qu'on lui demande, même s'il arrive que passagèrement on soit obligé d'exiger de lui un travail pénible. Le bon entretien dont il est l'objet fournit à l'économie animale une base solide; les aliments nutritifs qu'il a reçus depuis longtemps en quantité convenable, lui ont fait acquérir un fonds de résistance dont on peut au besoin tirer parti. Mais, si l'on a été avare de nourriture, si le cheval ou le bœuf de travail n'ont eu les aliments qu'en quantité un peu plus grande que celle utile pour leur entretien, ces animaux ne pourront avoir la force et l'énergie nécessaire quand on voudra les soumettre à des travaux plus fatigants que ceux qu'ils supportent ordinement. Ceux qui entretiennent leurs animaux avec une parcimonie trop rigide ont aussi la mauvaise habitude de donner, au moment des forts travaux, une grande somme de nourriture. Ils pensent fournir ainsi, tout à coup, à la force motrice une intensité de puissance qu'elle n'avait pas jusqu'alors; ils gouvernent en un mot le corps de l'animal comme le chauffeur gouverne le foyer de la locomobile dans lequel il jette le combustible. Cette manière de faire est mauvaise sous plusieurs points. On a toujours tort de ne pas nourrir convenablement les animaux pendant le temps du chômage. On a toujours tort aussi d'emplir les organes digestifs outre mesure au moment même du travail. L'estomac alors se dilate, s'emplit d'autant plus vite que le sujet n'est pas accoutumé à faire de pareils repas; la respiration est accélérée; la dilatation moins ample; de là l'essoufflement des animaux et très-souvent l'apparition de la pousse due à la déchirure de quelques vésicules pulmonaires; enfin la digestion est lente, difficile même, ainsi que le dénotent les coliques, parce que les aliments ont été dégustés trop gloutonnement, sans avoir subi une mastication et une insalivation convenables, parce qu'aussi les organes digestifs ne sont pas accoutumés à travailler une aussi grande quantité de nourriture.

Nous comprenons que la ration ne soit pas donnée en égale quantité pendant tous les mois de l'année. Il y a des époques où les animaux destinés aux travaux de la culture ont peu à faire; il en est d'autres où les fatigues sont plus grandes pour eux. Assurément le corps a besoin de plus d'éléments réparateurs qnand il fait des dépenses qu'alors qu'il reste en repos. Malgré cela, si les animaux ont été convenablement entretenus pendant la durée du chômage, s'ils sont en bon état de chair et de santé, on arrive à leur donner, sans beaucoup de peine, l'énergie dont ils auront bientôt besoin, en augmentant dans chacun de leur repas, non point la quantité des aliments qui nourrissent peu sous un grand volume, mais la somme de ceux chez lesquels on rencontre des principes alibiles entassés entre leurs mailles. Enfin, nul accident ne sera la conséquence de cette augmentation dans le régime si on arrive sans transition subite, mais bien par une progression graduée, au but qu'on veut atteindre. Les mêmes précautions seront prises pour ramener, après l'époque des durs travaux, les animaux à leur ration ordinaire.

Il est donc très-difficile d'établir les données certaines sur lesquelles on puisse se guider pour fixer les rations des animaux. Ces difficultés proviennent des différences que présentent les plantes selon les variétés, les climats, suivant aussi le tempérament et l'aptitude qu'ont les animaux à se bien nourrir, etc., etc. L'habitude extérieure des individus, leur ardeur, leur énergie éclairent mieux les cultivateurs sur ce point d'hygiène que les principes établis sur des données scientifiques. En pratique, on se rappellera que pendant la période de son accroissement le corps a besoin d'une nourriture abondante, substantielle et d'une solubilité facile; qu'à l'âge adulte, c'est-à-dire à l'époque de la vie où l'on obtient de l'animal la plus forte somme de service ou de produit, l'alimentation doit être en rapport avec les dépenses de l'organisme ; qu'enfin les sujets parvenus à l'état de vieillesse réclament les aliments nécessaires pour amoindrir, autant que cela est possible, les fâcheux effets de la force de destruction qui l'emporte sur la force d'assimilation.

L'ordre suivi dans la distribution de la nourriture a une notable influence sur les effets produits dans l'organisme. Donnée en une seule fois, la ration quotidienne n'est pas aussi profitable que si elle est fractionnée. L'expérience a démontré qu'il convient de faire faire aux animaux au moins trois repas en vingt-quatre heures. Tous les éléments assimilables sont alors extraits par les organes digestifs, et ces mêmes organes n'étant pas surchargés, n'éprouvant point de fatigue, conservent plus longtemps leur harmonie d'action.

Une dernière considération, qui a également une grande importance, doit terminer ce que nous avons à dire sur les rations; nous voulons parler de la nécessité de varier la nourriture de nos animaux domestiques. Un aliment, fut-il très-nourrissant, ne saurait être donné exclusivement à tous autres, à chaque repas. Des expériences faites par un grand nombre d'agronomes, on tire cette conclusion que les animaux nourris longtemps avec la même substance, celle-ci étant même très-alibile, perdent leur énergie et leur embonpoint. Plus on varie la nourriture par le nombre et la diversité des fourrages, mieux la vie est entretenue. Une composition compliquée forme la plus importante de toutes les qualités d'une ration. Plusieurs raisons militent en faveur de cette opinion. Raisonnons par analogie et faisons application aux animaux des observations que nous recueillons sur nous-mêmes. Pourquoi ces êtres que nous avons distrait de leurs habitudes naturelles ne se lasseraient-ils pas de l'usage exclusif d'un aliment, cet aliment fut-il d'abord très-agréable à leur palais? Comme cela se passe en nous, plus la nourriture est variée, moins elle occasionne de dégoût. Les aliments divers ont l'avantage de nourrir beaucoup parce qu'ils fournissent au corps les éléments qui lui sont nécessaires pour son entretien. Varier la nourriture, dit M. Magne, est une règle d'hygiène qui, tout en augmentant la valeur nutritive des aliments et en favorisant la production du bon lait, de la bonne viande, contribue au développement rapide du corps, à la conservation des organes, donne aux animaux un bon témpérammment, une constitution *tempérée*.

Nous ajouterons aux détails qui précédent quelques exemples de rations qui pourront guider les cultivateurs dans la composition des repas qu'ils distribuent à leurs animaux. M. Edouard Lecouteux *(Principes économiques de la culture améliorante)* décompose ainsi la ration journalière du cheval de culture : Avoine à 50 kilogrammes l'hectolitre 12 litres; Foin, 10 kilogrammes. Paille en partie pour la litière, 5 kilogrammes. Pour les travaux de charrois opérés par des chevaux de première force, la ration d'avoine doit être augmentée, sauf à diminuer de 2 kilogr. 500 gram. celle de foin. On la porte ordinairement jusqu'à 20 litres ou 9 kilogrammes, au poids moyen de l'hectolitre.

Quant aux chevaux de selle ou d'attelage faisant un service régulier, ils ne peuvent être, selon M. Sanson, entretenus en bon état, à moins d'une ration variant, suivant leur taille et leur poids, de 4 à 5 kilogram. en foin, de 5 kilogram. en paille pour tous, et de 4 à 5 kilogrammes ou 8 à 10 litres en avoine. Ce sont à peu près les rations réglementaires pour la cavalerie des diverses armes, augmentées seulement quant à la proportion d'avoine, qui est notoirement insuffisante pour l'armée.

SECTION TROISIÈME.

Des Fourrages.

Le sens précis qu'on doit donner au mot *fourrage* n'est peut-être pas, aujourd'hui encore, bien déterminé. Certains auteurs comprennent sous cette dénomination générale toutes les substances alimentaires (tiges, fanes, feuilles et grains des graminées, tubercules et racines, tourteaux et résidus,) employées pour alimenter nos animaux herbivores. D'autres donnent à ce mot une signification plus restreinte. Pour eux, le mot fourrage s'applique seulement au produit des prairies, à la paille des graminées et aux diverses plantes herbacées servant à l'alimentation des animaux. Cette seconde définition, paraissant mieux spécifier le sens du mot et mieux se prêter aux usages de notre contrée, nous l'adoptons de préférence à la première.

§ 1.er — *Du Foin.*

On désigne sous le nom de foin l'herbe coupée et séchée des prairies permanentes; celle des prairies temporaires reçoit des noms divers selon l'espèce fourragère (luzerne, trèfle, sainfoin, etc.). On distingue encore deux espèces de foin : celui des prairies naturelles et celui des prairies artificielles.

1° *Foin des prairies naturelles.* Le foin n'a pas toujours les mêmes propriétés nutritives; les principes alibiles qu'il contient sont variables suivant plusieurs circonstances, au nombre desquelles nous citerons l'exposition des terres où il a été récolté, les soins donnés aux prairies, les plantes qui le composent, la manière, enfin, dont il a été préparé et conservé. Le foin des sols maigres convient aux vaches et aux bêtes à laine; celui recueilli sur des prairies grasses nourrit bien les chevaux. Les végétaux naturels récoltés sur un terrain trop humide sont longs, sans saveur; ils ne renferment que peu d'éléments assimilables. La mastication de ces plantes est difficile, la digestion en est laborieuse.

Pour être bon, cet aliment doit avoir été fauché au moment convenable, et avoir été fané à propos. Soumis à une dessication trop grande, il devient friable, poudreux; il perd une grande partie de ses feuilles et de ses fleurs. Le bon foin exhale une odeur aromatique et douce; il est composé de plantes graminées fines, souples, d'une saveur légèrement sucrée.

Selon que ces propriétés physiques se rencontrent en plus ou moins grandes proportions, le foin a des qualités différentes. Celui de première qualité est composé de plantes entières, feuillées et souples, d'une couleur verdâtre et uniforme, appartenant pour le plus grand nombre à la famille des graminées, et pour une faible partie à la famille des légumineuses; toutefois, ces dernières sont-elles fines et succulentes. C'est ce foin de pré naturel que l'on est convenu de prendre comme type, sous le nom de *foin normal*, quand on veut dresser des équivalents nutritifs. On entend par cette expression : équivalents nutritifs, les rapports suivant lesquels les différentes espèces de fourrages peuvent être substituées l'une à l'autre. Il résulte, en effet, d'expériences multipliées cet avantage qu'il est permis de fixer des nombres qui indiquent que telle quantité de foin peut être remplacée par telle autre de feuilles ou de grains pour nourrir également un animal.

Le foin dit de seconde qualité est aussi récolté sur un bon terrain. Comme le précédent, il est formé de plantes fines, seulement il a été moins bien préparé et moins bien conservé. Quelquefois cette deuxième qualité est fournie par les produits des prairies humides. On y rencontre les plantes peu nourrissantes (patiences, joncs, cypéracées, etc.) en plus grande proportion. Il y a également des différences entre les propriétés physiques de ce fourrage et celles du foin de qualité supérieure. La couleur est pâle, l'odeur peu ou point aromatique, souvent même ces végétaux sont secs, cassants et poudreux.

Dans la troisième catégorie sont classés les foins dits mauvais; c'est-à-dire ceux formés de plantes vasées ou non nutritives, dures, piquantes, parfois même vénéneuses. Souvent, la dépréciation de ce fourrage résulte de ce qu'il a été mal préparé, mal conservé. Sous l'influence de ces circonstances fâcheuses, il a pris une couleur très pâle et une odeur plus ou moins désagréable.

Les produits obtenus des prairies naturelles, par les deuxième, troisième coupes, et même dans quelques localités par la quatrième coupe, reçoivent le nom de *regains*. Ce fourrage, ordinairement sans fleurs ni épis, est moins avancé en maturité que le foin de première coupe; aussi est-il plus vert, plus mou, plus flexible que celui-ci.

Puisque certaines circonstances peuvent donner ou ôter aux foins leurs qualités, il s'en suit que les effets de ce fourrage sur l'économie animale sont variables. Le bon foin, composé de plantes nombreuses, fournit au corps les éléments que nous avons reconnu être nécessaires pour constituer l'aliment favorable à la réparation des diverses pertes supportées par les organes. Ce fourrage convient très bien aux herbivores ; aussi voit-on, sous l'influence de son administration, la santé se conserver et la digestion facile s'opérer sans entraves. On peut, avec du foin de bonne qualité, nourrir les animaux sans avoir à redouter les conséquences souvent graves de l'uniformité dans la nourriture. Toutefois, nous pensons que cet écart aux lois d'une saine hygiène ne doit être commis qu'exceptionnellement. Mais si le bon foin est très favorable à entretenir la santé des animaux qui le consomment, il n'en est plus de même de ce fourrage ayant des qualités inférieures. Cet aliment est d'autant moins alibile qu'il s'éloigne, par ses caractères physiques, du foin dit de premier choix. Cette nourriture alors n'a plus la même action réparatrice. Parvenue dans l'estomac, elle fonrnit, sous un volume assez grand, peu d'éléments assimilables. L'appareil digestif est, il est vrai, convenablement lesté, mais il opère sur une substance en grande partie réfractaire à ses efforts. De là une fatigue inutile des organes ; ceux-ci s'usent sans profit pour rendre aux corps les éléments réparateurs des pertes qu'il subit continuellement. La digestion de ces aliments n'est plus facile et normale; elle devient lente, difficile, souvent même laborieuse. Nourris avec de tels fourrages, les animaux acquièrent bientôt un abdomen démesurément développé. Il leur faut consommer une grande somme de matières alimentaires pour arriver à posséder, et la ration d'entretien, et la ration de production dont ils ont besoin. Ce malaise intérieur, ou mieux, cette difficulté de l'acte digestif et cette insuffisance de principes alibiles ne tardent pas à se traduire par des signes apparents qui n'échappent pas aux yeux des personnes accoutumées à observer l'habitude extérieure des animaux. Sous l'influence d'un fourrage de qualité inférieure, l'animal perd de son embonpoint; son énergie au travail diminue; il sue plus facilement. L'examen de l'œil, ce miroir de l'âme, comme on l'appelle avec raison, témoigne de moins de vigueur et de moins d'audace; le poil de sa robe a perdu de son luisant; il est dur; il est piqué, suivant l'expression consacrée dans la science hippique. Aux membres, les crins s'allongent; ils sont raides et gros. Examinée pendant le temps de l'exercice, même le plus léger, la démarche est lente; il y a, en un mot, dans tout l'extérieur de l'animal, des changements notables qui ne sauraient échapper à l'œil le moins observateur. C'est dès l'apparition des premiers de ces signes qu'il faut arrêter l'administration du foin de qualité inférieure, ou en corriger les fâcheux effets, soit par le mélange des aliments peu fertiles en principes assimilables avec d'autres de meilleure qualité; soit, suivant les conditions dans lesquelles les propriétaires se trouvent placés, en choisissant parmi les équivalents nutritifs ceux qu'ils peuvent utiliser; soit, enfin, en faisant subir à ces mêmes substances alimentaires quelqu'une des préparations que nous avons décrites dans un chapitre précédent.

Si l'on n'écoute pas l'avertissement fourni par les signes qui dénotent l'action peu favorable des fourrages dont les qualités laissent à désirer, on s'expose à voir apparaître des accidents souvent dangereux. Parmi les affections, suites de l'usage d'un fourrage de qualité inférieure, nous citerons les indigestions accusées par des coliques d'une durée d'autant plus longue que l'aliment a été pris en plus grande quantité, et que l'appareil digestif est plus sensible; les maladies vermineuses, qui, peu intenses d'abord, s'accusent ensuite par des symptômes sérieux; enfin, dirons-nous encore, les maladies de la peau (démangeaison, gale), sont souvent les conséquences de la sympathie existant entre la membrane de l'appareil digestif et l'enveloppe du corps.

Si l'administration, longtemps continuée, de foin de mauvaise qualité peut occasionner de telles conséquences, quels seront donc les inconvénients de l'usage des fourrages altérés?

Le foin qui a été exposé aux débordements d'une rivière, reste souvent couvert de la terre ou des débris végétaux tenus en suspension par l'eau. Récolté, puis rentré au fenil en de telles conditions, ce fourrage est sec, ligneux, cassant et poudreux; son odeur est mauvaise. C'est ce qu'on appelle le foin vasé. Cette altération est-elle peu prononcée? Alors les inconvénients à redouter de l'usage d'un tel aliment sont de peu de valeur, lorsque, surtout, on a la précaution de secouer le foin, en dehors de l'habitation des animaux, à l'aide d'une fourche qui éparpille les tiges dont l'ensemble compose les bottes. L'altération est-elle, au contraire, bien prononcée? Cette simple précaution ne suffit plus. Il faut laver le fourrage, le mêler à d'autres denrées alimentaires de bonnes qualités, par exemple, à des racines cuites, à des pulpes de betteraves, etc.; ou bien encore, le faire passer sous les lames tranchantes du hache-paille, ou, enfin, le mélanger avec d'autres fourrages de meilleure qualité. Enfin, malgré toutes ces précautions, et quelles que soient les préparations adoptées, il est toujours bon d'ajouter au foin altéré une quantité plus ou moins grande de sel commun.

On écartera à tout jamais de l'alimentation des animaux les foins fortement *rouillés*, *moisis* ou *pourris*. De tels végétaux sont réfractaires à l'action des organes; parvenus dans l'estomac, dans les intestins, ils deviennent la cause d'irritation des voies digestives.

Les conséquences de l'administration des fourrages altérés sont excessivement graves. L'usage de ces aliments n'amène pas seulement le développement d'affections intéressant les intestins ou la peau, il détermine aussi l'apparition des maladies contagieuses qui déciment promptement toute la population animale d'une exploitation agricole. A différentes époques, dans notre contrée, comme au reste cela a eu lieu dans toutes les parties de la France, des épizooties terribles ont été, avec juste raison, attribuées à l'usage d'aliments altérés. Dans les années où le cultivateur, malgré ses soins assidus, n'a pu récolter de bons fourrages, il faut qu'il soit très circonspect dans la composition et la distribution de la nourriture consacrée à ses animaux. C'est alors que le propriétaire intelligent doit mûrement calculer les mélanges alimentaires et les préparations à faire subir aux substances. Nous sommes heureux de constater ici qu'il résulte de notre travail sur l'étude des causes ayant fait naître les maladies épizootiques et contagieuses dans le département de l'Oise, depuis 1776 jusqu'à nos jours, que les apparitions d'affections générales deviennent de plus en plus éloignées. Cette amélioration est due aux progrès faits dans cette branche des connaissances vétérinaires qu'on appelle l'hygiène, et aussi aux applications mieux comprises et mieux surveillées dans les grandes exploitations agricoles, des principes de cette science ayant trait au bon entretien de nos animaux domestiques. Enoncer un tel résultat satisfaisant, n'est-ce pas démontrer avec évidence l'importance que le monde agricole doit attacher à l'application des lois raisonnées de l'hygiène?

Maintenant que nous avons parlé du mode d'action sur l'économie animale, du foin de bonne qualité et du fourrage de qualité inférieure ; maintenant aussi que nous connaissons les effets malfaisants des végétaux altérés employés pour la nourriture des animaux domestiques, disons un mot sur le foin vieux et sur le foin nouveau.

On regarde comme trop vieux les foins conservés en greniers pendant dix-huit mois ou deux ans après la récolte ; ils sont arrivés alors à un tel état de dessication, qu'en les soulevant, même avec précaution, les feuilles se séparent des tiges sous forme de poussière; les brins eux-mêmes se cassent au moindre choc ; en un mot, ce fourrage a perdu, avec le temps, sa sapidité et ses qualités nutritives. M. Isidore Pierre, de Caen, démontre que les fleurs et les feuilles, dans les fourrages fanés comme dans les fourrages verts, sont, sans aucune exception, plus riches en principes nutritifs que la tige poids pour poids; que la partie supérieure de la tige, et c'est celle-ci qui étant la plus grèle résiste le moins à l'action destructive du temps, est aussi plus riche que la partie inférieure. Comme ces parties du végétal ont été usées dans le foin trop vieux, que reste-t-il? Le corps seul de la tige, ou du moins sa portion la plus voisine de la racine, c'est-à-dire celle qui renferme peu d'éléments assimilables. Ainsi le foin trop vieux est sans propriétés nutritives avantageuses, et non seulement il ne peut entretenir les animaux, mais il est même de nature à les incommoder. Comme le fourrage poudreux, il détermine des toux chroniques, des irritations dans les voies digestives, des maladies de la peau, etc.

De même que l'administration du foin trop vieux présente des inconvénients, de même aussi l'usage de foin trop nouvellement récolté peut devenir la cause de trouble dans la santé des animaux domestiques. Pendant très longtemps on a beaucoup exagéré les inconvénients du foin nouveau; ce n'est, à vrai dire, qu'à l'époque où la commission d'hygiène hippique et des vétérinaires de l'armée se sont occupés de la question de l'alimentation des chevaux de troupe, avec le fourrage et l'avoine nouvellement récoltés, qu'on a commencé à s'apercevoir que l'on avait été trop timorés. Afin de bien établir les conclusions que la pratique doit tirer des travaux scientifiques de la commission, nous croyons devoir apporter ici, avec quelques détails, les trois séries d'expériences qui furent faites :

1° Substitution pure et simple d'une quantité de foin nouveau égale à la ration ordinaire de foin vieux. *Résultat :* Aucune modification importante dans les principales fonctions; la santé des chevaux n'a pas subi de changements; elle s'est peut-être améliorée.

2° Substitution du foin nouveau dans les proportions réglementaires à la ration du foin vieux et à la ration de paille.

Résultat : Il ne s'est point produit de modifications essentielles dans les fonctions organiques ; on a même constaté de l'amélioration dans la santé des chevaux ; d'où cette conclusion énoncée par la commission que le foin nouveau peut être consommé sans inconvénients ou même avec avantage.

3° Suppressions des rations de paille et d'avoine, remplacées l'une et l'autre, suivant les mêmes proportions, par une ration de foin nouveau équivalente en poids à la ration totale. *Résultat* : Troubles assez profonds dans les fonctions digestives et respiratoires ; diminution de l'appétit, digestion lente, suèurs faciles au moindre travail, amaigrissement notable, développement marqué du ventre. Tous ces désordres, peu prononcés d'abord, s'aggravèrent progressivement jusqu'à la cessation des expériences. On a donc pu conclure que le foin nouveau, composant la nourriture exclusive du cheval, lui serait certainement nuisible. Au reste, on avait obtenu un résultat à peu près identique de l'alimentation exclusive par le foin âgé de trois mois et plus, et qui a cessé d'être réputé foin nouveau.

Ces expériences ont-elles résolu la question de l'alimentation des animaux par le foin nouveau d'une manière incontestable? Aux résultats obtenus, on oppose quelques observations.

Les foins, quelque secs qu'on les suppose lorsqu'on les rentre ou quand on les monte en meules, conservent toujours une certaine quantité d'eau de végétation, dont la moyenne établie est de 35 à 40 pour cent. Quelques jours après l'emmeulage ou la rentrée au fenil, sous l'influence de l'air et de l'humidité, la masse s'échauffe, acquiert une température assez élevée, surtout dans le Nord, là où la fenaison est peu prompte et où le foin est généralement rentré sec, ainsi qu'un goût légèrement aigre ou amer. Le fourrage alors jette son feu ; il sue, il se ressuie, selon les expressions vulgairement adoptées. Cette fermentation dure environ un mois, six semaines et même deux mois, après quoi l'on cesse de qualifier la dernière récolte du nom de foin nouveau. Si pendant ce laps de temps, avant que le mouvement intérieur de la masse soit achevé, on fait usage des aliments, on s'expose à déterminer des accidents souvent graves. Le cheval de gros trait, qui n'est pas rationné comme le cheval de troupe, se laisse entraîner à manger beaucoup de ce foin nouveau qui lui plait; il en prend, il en consomme au-delà des quantités rationnelles. Après le repas, les gazs excitants se dégagent dans les organes digestifs, et les effets nuisibles du foin qui n'a pas jeté son feu apparaissent bientôt. Le ventre se ballonne, la respiration est courte et accélérée; l'estomac, les intestins, légèrement irrités d'abord, deviennent plus tard le siége d'une inflammation grave (gastrite, gastro-entérite). L'intensité des effets de ce fourrage augmente-t-elle encore, alors surviennent des symptômes nerveux véritablement effrayants qui caractérisent le vertige abdominal ou indigestion vertigineuse, plus vulgairement connu sous le nom de *vertigo*. Telles sont les tristes conséquences auxquelles on s'expose en distribuant aux chevaux, mais surtout aux chevaux de gros trait, grands mangeurs de fourrage, le foin nouveau qui n'a pas encore jeté son feu. Pourquoi cet inconvénient n'a-t-il pas été constaté par la commission d'hygiène militaire? Pourquoi ce comité a-t-il émis un avis qui se trouve en opposition avec l'opinion généralement reçue? C'est parce que la ration de foin nouveau n'a été que de 12 kilogrammes par tête et par jour. Très probablement on serait arrivé à des conclusions moins affirmatives si on eût augmenté cette ration, si on l'eût portée à 18 ou même 20 kilogrammes par jour. Ce n'est donc pas un préjugé sans valeur qui attache à la consommation du foin nouveau des précautions commandées au contraire par l'expérience la plus constante. Enfin, observe M. E. Gayot, une raison d'économie veut qu'on n'entame pas l'administration du foin nouveau avant l'entière consommation du foin vieux; car les chevaux qui ont commencé à se nourrir du produit d'une récente récolte appètent moins celui de la précédente, et gâtent des fourrages dont ils se contentaienf avant d'en avoir changé.

Des expériences faites dans des conditions aussi rationnelles et par des hommes doués d'une habileté comme celle que possèdent les membres de la commission hippique, sont toujours d'un utile enseignement pratique. Si les conclusions du comité ne sont pas applicables aux chevaux de gros trait, elles n'en restent pas moins précieuses pour les animaux dont la ration de fourrage est calculée. Dans cette catégorie se placent les chevaux d'attelages légers, les chevaux de maître. Pour ceux-ci, la substitution pure et simple d'une quantité égale de foin nouveau à la ration ordinaire de vieux foin a peu d'inconvénients. Sous l'influence de cette nourriture, on remarquera sans doute quelques changements dans les fonctions organiques des animaux ; ainsi les matières excrémentitielles changeront légèrement de nature ; les urines seront plus copieuses et les sueurs plus abondantes ; la robe perdra un peu de son luisant ; mais ces modifications seront de courte durée, et l'économie animale ne tardera pas à recouvrer ses habitudes normales.

Nous dirons donc, avec M. Barral, on a beaucoup exagéré les inconvénients du foin nouveau. Ces inconvénients n'existent que lorsque la ration est trop considérable, ou bien lorsque le foin, mal récolté, est en fermentation au moment où on le donne à consommer. On doit cependant se garder de distribuer du regain récemment récolté ; ce fourrage serait particulièrement nuisible aux chevaux.

Quant aux formes sous lesquelles le foin est présenté aux animaux, elles sont variées. On donne ce fourrage entier à l'état naturel, haché et mélangé avec d'autres aliments ; il est aussi administré cuit ou macéré. Sous l'action de ces dernières préparations, le foin revêt des propriétés plus alibiles ; il peut suffire, même sans grains, pour les vaches à lait et pour les bêtes à l'engrais.

2° *Foin des prairies artificielles.*

En France, les prairies temporaires sont presque exclusivement formées de plantes appartenant à la famille des légumineuses. Les foins artificiels sont communément fournis par la luzerne, le trèfle, le sainfoin, la gesse, la vesce, etc., etc., mais ces végétaux ne sont point, le plus ordinairement, mélangés ; chacun d'eux est récolté isolément et forme un aliment particulier. Considérées d'une manière générale, les légumineuses sont riches en principes azotés, c'est-à-dire en principes assimilables. Les feuilles épaisses, tendres et parenchymateuses sont supportées par des tiges très-succulentes. Aussi estime-t-on que le foin de prairies artificielles est plus alimenteux que celui des prairies permanentes. Si nous consultons les tables d'équivalents nutritifs établis par des praticiens émérites d'une part, et par des savants théoriciens d'autre part, nous voyons que le foin normal de prairies naturelles servant d'*étalon type* et étant représenté par le chiffre 100, les végétaux légumineux secs sont cotés 90; ce qui revient à dire que 90 kilogr. de ces plantes peuvent remplacer dans la nourriture des animaux 100 kilogr. de foin naturel. L'expérience a démontré aussi que le fourrage artificiel suffit pour entretenir les bêtes de travail et pousser à l'engraissement. Cette nourriture alibile jouit encore de la propriété d'activer les fonctions des mamelles qui fournissent alors du lait en abondance.

La nature du terrain sur lequel ces plantes sont récoltées, le climat sous lequel elles sont cultivées ont beaucoup d'influence sur leurs propriétés nutritives. Dans le midi de la France, le foin artificiel a des propriétés alimentaires bien plus puissantes que celles reconnues au même végétal dans la contrée du nord. Variables encore sont les qualités de ce fourrage selon qu'il a été fauché trop tôt ou trop tard. Dans le premier cas, il est mou et très-vert ; dans le second, au contraire, il est dur, friable et d'une digestion difficile. Trop sec, il perd ses fleurs et ses feuilles et les tiges qui restent seules sont dures à la mastication et rebelles à la digestion.

On donne le nom de *regain* à la seconde coupe des plantes fourragères légumineuses. Ce produit a des caractères spéciaux : sa couleur est verte, les tiges courtes et grêles conservent les fleurs et les feuilles, qui, moins avancées en maturité, sont plus persistantes ; l'odeur qui s'en échappe est très-agréable. Généralement, on réserve ce regain pour les vaches à lait et pour les jeunes élèves de l'espèce bovine ; quelquefois encore on le donne avec avantage aux moutons. S'il a été fauché trop tôt, il ne convient pas aux animaux de travail auxquels il ne communique ni force ni énergie.

Comme le foin des prairies naturelles, le fourrage artificiel subit certaines altérations semblables à celles que nous avons déjà mentionnées, et les résultats de l'emploi de ces aliments sont toujours désavantageux pour la santé des animaux.

On n'est pas tout à fait d'accord sur l'appréciation des effets des foins artificiels légumineux sur l'état sanitaire des animaux. M. Delafond pensait que ces fourrages très-alibiles et très-sanguins donnés aux chevaux, ces aliments étant même réunis à une ration d'avoine augmentent la quantité, et sans doute aussi la qualité du sang, déterminent non-seulement des congestions hémorrhagiques mortelles des viscères, mais encore des inflammations plus ou moins vives des intestins, compliquées d'altération du sang. Cet éminent professeur, trop tôt enlevé à la science, recommandait comme remède au mal de mélanger le foin naturel et artificiel. On obtient par cette pratique une nourriture variée très-appétée par les chevaux et qui entretient leur santé, leur vigueur et leur embonpoint. C'est aussi à l'effet des légumineuses fourragères que M. Aubry a attribué, en 1858, une maladie épizootique survenue sur les chevaux de l'arrondissement de Saint-Mâlo. M. Delorme, au contraire, réfutant l'hypothèse adoptée par Delafond pour expliquer l'action des plantes légumineuses sur l'économie animale, soutient, et son opinion est basée sur ce qui se passe dans les relais de poste qu'il dirige, que ses chevaux, mis au régime de la luzerne pendant tout un hiver, se sont constamment trouvés dans un excellent état de chair et n'ont cessé de jouir de la meilleure santé, bien que leurs fatigues fussent exactement les mêmes qu'aux autres époques de l'année. Les oppositions qui se sont élevées entre les opinions d'hommes haut placés dans les sciences sur l'action des plantes légumineuses considérées comme aliments, tant dans des Recueils périodiques qu'au sein de Sociétés savantes, nous avertissent que la distribution des foins artificiels demande certaines précautions. Etudions donc les propriétés nutritives des principales plantes légumineuses et voyons comment elles agissent sur l'économie animale.

A. *Luzerne.* — On récolte, pour la nourriture des animaux, plusieurs variétés de luzerne. Parmi ces variétés nous citerons la luzerne proprement dite et la luzerne lupuline, appelée encore minette.

Réduite à l'état de foin, la luzerne proprement dite est très nourrissante. Bien récoltée, bien conservée, elle convient aux animaux de travail, aux bêtes à l'engrais et aux femelles laitières. Sous l'influence de cette nourriture abondamment distribuée, le lait acquiert certaines propriétés peu avantageuses : il devient fort au goût et à l'odorat, il communique au fromage, à la confection duquel il sert, une saveur piquante et désagréable. Toute nouvelle, la luzerne échauffe beaucoup, elle porte à la peau, elle détermine ce que l'on appelait autrefois *le jet de la luzerne, la poussée d'herbe rafle.* Chez les bœufs de travail, son action est relâchante, purgative même. Le regain est moins nourrissant que le foin de première coupe ; il échauffe moins les vaches à lait dont le produit est alors plus agréable au palais des consommateurs. Cette seconde coupe est salutaire pour les bêtes à laine et surtout pour les agneaux. Pas plus que celui d'aucun autre aliment, l'usage de ce fourrage ne doit être exclusif: il faut le mêler à d'autres substances dans les rations ou mieux en entrecouper souvent l'emploi.

La luzerne lupuline ou minette est un fourrage très-commun en France. Recherché avec avidité par les animaux, il est toujours tendre et d'une digestion facile; son administration aux vaches laitières et aux bêtes à laine est avantageuse.

B. *Trèfle.* — Les animaux consomment le trèfle à l'état vert et à l'état sec. Parmi les variétés cultivées en France, nous citerons le trèfle des prés, le trèfle incarnat et le trèfle blanc.

Le trèfle des prés est consommé ou sur place ou à l'étable; pâturé en vert, il occasionne très-facilement la météorisation chez les animaux, aussi est-il prudent de distribuer avant le départ des bêtes pour le pâturage une petite quantité d'aliments secs. A l'étable, on prévient cet inconvénient en mêlant le trèfle vert avec de la paille ou du foin. Il est difficile de récolter à point et de conserver convenablement ce fourrage. S'il est rentré mouillé, il moisit vite; s'il est exposé alternativement au soleil et à l'humidité, il devient insipide, dur; il perd ses feuilles et ses fleurs: récolté en de bonnes conditions, le trèfle des prés sec est très-nourrissant, très-salubre; mais, quoique moins échauffant que la luzerne et mieux appété par les chevaux, il cause cependant la constipation quand on le distribue peu de temps après sa récolte. Voici comment M. Magne expose les qualités alimentaires de ce fourrage: Administré avec précaution, le trèfle produit un lait abondant, de bonne qualité et pouvant former de bons fromages; cependant, les vaches qui en seraient exclusivement nourries donneraient bientôt un lait d'une saveur peu agréable et un beurre médiocre. Il engraisse bien les bœufs et les moutons, mais convient principalement aux bêtes de travail, qu'il garde en bon état et auxquels il donne des forces; on l'administre même avec avantage aux chevaux qu'il engraisse et fortifie, dit Gilbert. Une tréflière est très-propre à l'entretien et même à l'engraissement des porcs. Viborg, Arthur Young conseillent d'en établir une à portée de la porcherie. D'après Gilbert, il faut donner ce fourrage avec quelque précaution aux truies, car il leur occasionne des coliques et risque de les faire avorter; mais une fois qu'elles ont mis bas, il leur suscite beaucoup de lait. Il excite aussi la sécrétion du lait chez la brebis et rend les agneaux robustes.

Le trèfle incarnat est surtout donné vert aux animaux; c'est une nourriture précieuse au printemps, alors que les bêtes sont dégoûtées des fourrages secs. Il convient aux chevaux; mais les vaches qui l'utilisent ne donnent pas une grande quantité de lait. Au reste, ces femelles ne paraissent pas le manger avec un très-grand plaisir. Rarement on transforme en foin le trèfle incarnat. Cependant, M. Villeroy conseille de l'utiliser comme nourriture d'hiver en le coupant et en le trempant avec des résidus de distillerie.

C. *Sainfoin.* — Appellé aussi *esparcette*, ce fourrage est, suivant Olivier de Serres, « une herbe fort valeureuse, non de beaucoup inférieure à la luzerne. Elle rend abondance de foin exquis, bien que gros, appétissant et substantiel, propre pour nourrir et engraisser toutes sortes de bestes à quatre pieds, jeunes et vieilles; mesmes pour agneaux et veaux, faisant abonder en lait leurs mères. L'esparcette produit aussi du grain chaque année, servant d'avoine au bestail, pour engraisser les poulailles et pour les faire facilement over ou pondre. » Selon M. Yvart, l'esparcette procure presque en tout temps un pâturage très sain et singulièrement approprié à la nourriture d'été et d'hiver de nos bêtes à laine superfine, qu'il n'a jamais l'inconvénient si redoutable de météoriser. Plus que le trèfle, le sainfoin rend le lait de vache butyreux et caséeux; il donne, dit

Grognier, aux porcs qu'il engraisse, un lard plus ferme.

D. *Gesses*. — Pour être bonne, la gesse doit être fauchée de bonne heure ; elle serait trop échauffante à parfaite maturité de la graine. Ce fourrage, à l'état frais ou sec, est très appété des animaux ; mais son emploi pour le cheval, surtout quand le grain est à complète maturité, exige de la surveillance et des ménagements.

E. *Vesces*. — Deux variétés de cette légumineuse sont généralement cultivées pour la nourriture des animaux : c'est la vesce d'hiver et la vesce dite d'été. Les vesces sont constituées par des plantes à tiges fines, souples, sapides, de facile digestion et douées de fortes qualités nutritives. Mathieu de Dombasles recommande l'usage de ce fourrage comme base de la nourriture verte des bestiaux, depuis le milieu de mai ou le commencement de juin, époque où on fauche ordinairement les vesces d'hiver jusque dans le courant d'octobre. Les vesces conviennent à tous les herbivores ; elles conservent la force et la vigueur aux animaux de travail ; elles fournissent une nourriture fine pour les bêtes à laine. Leur administration aux femelles laitières demande quelques précautions. Il faut les mélanger avec d'autres fourrages, car, seules et consommées pendant longtemps, elles communiquent au beurre un goût huileux fort désagréable.

Les détails dans lesquels nous venons d'entrer sur les plantes légumineuses les plus usuellement employées pour nourrir nos animaux domestiques donnent une idée de la valeur nutritive de ces aliments et de leurs effets sur l'économie animale. Riches en principes assimilables, ces végétaux demandent à être distribués avec certaines réserves. Donnés verts, ils déterminent des indigestions gazeuses quelquefois mortelles, mais toujours graves. Mal récoltées ou mal conservées, ces plantes s'altèrent promptement, et les champignons qui salissent les feuilles et les tiges apportent dans les fonctions digestives et dans les liquides circulatoires du corps des désordres tels que la santé est profondément altérée, et que des maladies, toujours d'une extrême gravité, déciment les animaux. Bien récoltés et bien conservés, ces foins sont des substances alimentaires favorables à l'entretien de la santé. Aux bêtes de travail, ils communiquent de l'énergie et de la vigueur; chez les femelles laitières, ils activent la sécrétion des mamelles; sous leur influence, les animaux à l'engrais augmentent de volume et de poids, leurs chairs revêtent de très bonnes qualités. Soumis au régime des légumineuses, les moutons eux-mêmes fournissent une laine ayant du prix. Malgré tous ces avantages, il faut, pour éloigner les accidents onéreux, régler rationnellement l'administration de ces fourrages. Ceux-ci, en effet, abondants en principes alibiles, cèdent au corps des éléments assimilables très riches. De là, des maladies franchement inflammatoires, difficiles à combattre. Pour remédier à ces inconvénients, il faut doser les rations de fourrages artificiels, varier les substances alimentaires données pour un même repas de manière à corriger en partie les propriétés échauffantes des unes par les propriétés rafraichissantes des autres.

SECTION QUATRIÈME.

Des Grains.

Les grains, ou fruits des céréales, employés à la nourriture des animaux domestiques, renferment beaucoup de principes assimilables sous un petit volume. Ces fruits, dont les qualités varient suivant plusieurs circonstances, telles que le climat, l'état du sol, les procédés de culture et de conservation doivent présenter certains caractères généraux. S'ils sont gros, pleins, bien nourris, lisses, brillants, lourds, secs; s'ils glissent facilement les uns sur les autres quand on les presse dans la main, ils sont dits posséder de bonnes qualités nutritives. Le poids indique aussi assez exactement leur valeur alimentaire ; c'est pourquoi on devrait peser les grains au lieu de les mesurer, soit qu'on les achète, soit qu'on rationne les animaux. En pesant ces denrées, on connaît mieux la valeur des produits qu'en employant les mesures de capacité.

Nous ne nous occuperons dans ce chapitre que de grains utilisés le plus communément pour l'alimentation des animaux domestiques. L'étude de tous les fruits des plantes graminées, récoltés dans ce même but, nous entraînerait dans des détails qui trouvent mieux leur place dans les traités complets d'hygiène.

A. *Avoine.* — Différentes variétés d'avoine sont cultivées en France. Parmi ces variétés, deux seulement sont employées dans le nord pour l'alimentation des animaux : c'est, d'après leur rusticité, l'avoine d'hiver à grains blancs, pleins et lourds, et l'avoine d'été, dite à grains gris et un peu plus légère que l'autre; celle-ci surtout alimente le commerce ; on l'appelle avoine de Brie, de Picardie et de Bretagne, etc., selon la province d'où elle provient. D'après la couleur, on distingue l'avoine blanche et l'avoine noire. Pendant longtemps, les cultivateurs ont donné la préférence à la variété noire, et ils semblaient rejeter la blanche comme moins nutritive et d'une mastication plus difficile. Aujourd'hui, quelques contrées sèment presque exclusivement l'avoine blanche ; d'autres, au contraire, adoptent la noire ; il en est, enfin, qui cultivent simultanément l'une et l'autre de ces deux variétés. Pour être bons, les grains d'avoine doivent réunir certaines conditions : ils sont égaux entre eux, lisses, brillants, inodores; l'écorce est mince, lisse ; l'odeur est presqu'insensible, la saveur féculente, agréable, approchant de celle de la noisette. Les grains ont une cassure blanche, et l'intérieur revêt la même couleur, quelle que soit d'ailleurs la couleur de l'écorce. L'avoine doit aussi être accompagnée, le moins possible, d'écailles glumacées qui en augmentent le poids et le volume sans utilité nutritive, et qui ont l'inconvénient de gêner la mastication, d'excorier le palais des jeunes animaux et de nuire à la digestion. L'avoine de bonne qualité ne contient aucuns corps étrangers, tels que terre, sable, graviers et plâtras, ou des graines tout au moins inutiles. Considéré, eu égard au poids, cet aliment doit avoir une pesanteur relative, la plus grande possible; on donne comme terme moyen, un poids de 44 à 48 kilog. par hectolitre. Cependant, l'avoine du commerce varie du simple au double; on en trouve qui pèse à peine 30 kilog. Tels sont les caractères de la bonne avoine. Il est rare que l'on puisse les rencontrer tous réunis; mais on estime les grains de cette graminée d'autant plus qu'ils se rapprochent davantage de la perfection.

La valeur nutritive de l'avoine, comparée à celle du foin de prairies artificielles, est de 52, c'est-à-dire qu'elle est presque deux fois aussi grande. Il y a dans le grain d'avoine deux parties bien distinctes : l'une, extérieure, ou écorce; l'autre, intérieure, est la substance farineuse. La première contient le principe odorant, analogue à celui de la vanille, d'après Parmentier; la seconde donne à l'analyse chimique du gluten, de la fécule, du sucre, de la gomme et un corps gras.

Les propriétés alimentaires de l'avoine et ses effets sur l'économie animale sont subordonnés, abstraction faite de toute autre considération, à son état plus ou moins avancé de siccité. Il y a des différences notables dans sa valeur nutritive, selon qu'elle est nouvelle ou vieille, ou mieux, suivant qu'elle a ou n'a pas *jeté son feu*. Coupée verte encore, cette graminée est laissée pendant quelque temps sur le sol, environ quinze ou vingt jours; sous l'influence de l'humidité de la terre et de la rosée, la maturité se complète. Donnée aussitôt après sa récolte, l'avoine est peu nourrissante; elle peut même être malfaisante pour la santé des animaux. Si, au contraire, on attend pour la distribuer qu'elle ait eu le temps de perdre son excès d'humidité, alors son action non-seulement ne trouble pas l'harmonie dans le jeu des organes, mais elle est bienfaisante. Voyons comment agit sur le corps, l'avoine nouvelle d'abord, puis l'avoine vieille.

Comme au reste toute substance alimentaire, un grain qui renferme entre ses mailles de l'eau de végétation en excès, ne nourrit pas, sous un même volume, autant que celui qui est parvenu à un état de dessication convenable; on croit donc bien rationner un animal en lui donnant 10 ou 15 litres de ces grains, et l'on tombe dans l'erreur. L'estomac trouve bien, il est vrai, la masse nécessaire pour le lester, mais l'économie entière n'y rencontre point tous les éléments réparateurs dont elle a besoin. Sous l'influence d'un tel régime nutritif, les animaux perdent de leur embonpoint; ils suent après quelques efforts musculaires même ordinaires; leur habitude extérieure change aussi : le poil se hérisse, perd de son luisant; l'œil est moins vif, moins hardi. Si on ne porte promptement remède à la cause de ce changement survenu dans la santé des bêtes, des désordres plus graves amènent comme conséquence le développement de maladies sérieuses, souvent mortelles. Les grains encore humides entrent en fermentation dans les organes de l'appareil digestif; le ventre se ballonne, se météorise; des coliques apparaissent, et quelquefois, enfin, des affections vertigineuses. En principe, donc, l'usage de l'avoine nouvelle, pour les chevaux qui en consomment chaque jour une forte ration, est toujours imprudent, souvent même dangereux. Cependant il y a des circonstances où l'administration de cet aliment est forcément obligatoire, c'est quand la récolte précédente fait défaut; c'est aussi lorsque le cultivateur, guidé par un bénéfice mal raisonné, vend son avoine vieille sans calculer les besoins qu'il peut avoir pour nourrir ses propres animaux. On ne saurait assurément approuver une telle manière d'agir, et l'on a grand tort de vouloir enfler sa bourse au détriment de la santé des chevaux. Mais dans les cas de disette, ou du moins de manque de grain vieux, comment peut-on arriver à mitiger les effets pernicieux de l'avoine? Si l'on possède du grain vieux, quoique en petite quantité, il est bon de le mélanger en proportions aussi grandes que possible avec le grain nouveau. On arrive ainsi à diminuer, à contre-balancer même l'action nuisible de l'une par les qualités de l'autre. Les organes s'accoutument, par une progression bien ménagée, à travailler l'aliment qu'ils doivent bientôt recevoir sans mélange, et la transition du régime de l'avoine vieille à la nouvelle n'étant pas subite, l'état sanitaire des animaux ne semble pas souffrir. Si, enfin, par suite de la force des choses on est contraint de passer subitement de l'administration du vieux grain à celle du grain nouveau, il est bon d'avoir recours à un moyen palliatif. Dans quelques cas on se contente de jeter du sel commun dans le coffre à avoine et d'opérer le mélange; dans d'autres circonstances, lorsque, par exemple, l'avoine a été nourrie sur le champ où elle a été récoltée ou sur lequel elle a subi le javelage, et que son usage doit être de longue durée, on emploie avec beaucoup d'avantages le système suivant : placer dans le coffre à avoine des couches alternatives de grains, de son et de sel; puis, quand on a ainsi opéré, brasser le tout ensemble de manière à effectuer un mélange aussi intime que possible. Les animaux appètent avec un grand plaisir cette nourriture, et leur santé n'en éprouve aucun trouble.

L'avoine vieille, et nous désignons sous ce nom celle qui a jeté son feu, est très-salutaire pour les animaux. Sous l'influence de cet aliment de bonne qualité, le poil se lisse, devient brillant, le regard s'anime, l'embonpoint augmente d'abord et les bêtes engraissent.

Pour le cheval, l'avoïne est l'aliment par excellence. Sans cet aliment, écrit M. Colin, il ne faut attendre du cheval ni vigueur, ni vitesse, ni durée.... L'avoine doit entrer pour une grande part dans sa ration : c'est un aliment riche en matière nutritive, léger et d'une digestion facile, c'est pour lui l'aliment par excellence qui contient la viande, le pain, la graisse et les sels dans les plus heureuses proportions. Ce grain contient un principe résinoïde excitant qu'on ne saurait remplacer par aucune autre nourriture ; il donne aux chevaux bien portants de la force, de l'énergie, de belles formes, des chairs fermes sans augmenter cependant le volume du ventre. On administre journellement de huit à vingt-cinq litres de grain en deux ou trois rations. Deux ou trois litres seulement présentés aux animaux exténués de fatigues, au moment où ils rentrent à l'écurie, produisent un très-bon effet. On doit, dit Grognier, donner l'avoine en grande quantité avec peu de foin et de paille aux chevaux soumis à de rudes travaux ; mais on sera parcimonieux pour ceux qui ne fatiguent pas, surtout s'ils sont d'un tempérament sanguin. L'avoine convient aussi aux poulains immédiatement après le sevrage, mais en petite quantité. Il est bon encore de la distribuer aux juments poulinières qui nourrissent.

Puisque l'avoine jouit de propriétés nutritives si favorables à la santé du cheval, il est de l'intérêt des cultivateurs de bien connaître la somme des principes assimilables que renferme la ration quotidienne qu'ils adoptent pour leurs attelages. Ce renseignement ne peut-être obtenu qu'en prenant en considération le poids et non le volume de cette ration. Mais est-il possible, dans une exploitation agricole, de mettre en usage une telle pratique? En a-t-on le temps et les moyens? Nous pensons pouvoir répondre affirmativement. Le poids de chaque ration n'a pas besoin d'être mathématiquement établi ; il suffit seulement, pour distribuer l'avoine avec discernement, de connaître de temps en temps, par exemple quand on emplit le coffre ou encore lorsqu'on entame un nouveau tas, le poids de la mesure usuelle. On saura ainsi s'il faut ajouter à la ration ou s'il faut en retirer. Cette observation paraîtra peut-être, de prime abord, bien futile, et l'on se demandera ce que peut faire l'addition ou la soustraction de quelques grammes d'avoine dans la consommation journalière? Sans doute, la différence pour chaque repas prise isolément est inappréciable ; mais considérée sur une période de temps assez longue, ces légères différences s'ajoutent et le résultat devient fort appréciable. De même que les petits ruisseaux aident à la formation des grandes rivières, de même de petites causes réunies concourent à la manifestation de phénomènes maladifs graves. A chaque instant, dans la pratique, on trouve que la maigreur des animaux est due à ce que les aliments, quoique distribués toujours sous le même volume, ne renferment pas les mêmes quantités de principes assimilables.

Nous croyons utile d'appeler ici l'attention des propriétaires de chevaux sur un instrument très-ingénieux, inventé par un de nos compatriotes, M. Hubaine, architecte à Beauvais. Le pèse-grains hydrométrique, d'un usage aussi facile qu'exact, fait connaître la qualité des grains d'après leurs poids. L'adoption de cette balance hydrostatique, qui peut, au reste, servir pour connaître le poids de toute espèce de grains, grâce aux tables établies par l'inventeur, rendra très-facile l'administration de l'avoine au chevai, non plus en capacité, mais au poids chaque fois qu'on entamera un nouveau tas de ce grain.

Les bœufs de travail réclament une petite quantité d'avoine dans la composition de leurs rations. Comme ce grain nourrit beaucoup, sous un petit volume, on abrège ainsi le temps des repas. Si les travaux auxquels ces animaux sont employés demandent un grand déploiement de forces musculaires, la ration d'avoine doit assurément être plus considérable.

Administré en petite quantité aux femelles laitières, ce grain fournit un lait gras et abondant ; mais s'il est donné en trop forte ration, le liquide mammaire a de mauvaises qualités. Enfin, les mères-nourrices se trouvent bien de recevoir aussi de l'avoine avec les autres substances nutritives.

L'avoine est souvent fort utile pour l'entretien et l'élevage des bêtes à laine ; elle est même nécessaire pour faire de bons agneaux et de bons moutons de boucherie ; elle est avantageuse encore pour les brebis pleines, pour celles qui nourrissent; enfin, les bêtes qui perdent leur laine en réclament aussi impérieusement.

On recommande l'administration de ce grain aux porcs à l'engrais : il donne de bonnes qualités à sa viande, et aide puissamment à la formation de sa graisse par la quantité du corps gras qu'il renferme.

On jette l'avoine à la volaille dans le but de la faire pondre et de l'engraisser rapidement. Une petite ration de ce grain convient en remplacement de la pâtée d'œuf pour les petits poulets d'un mois à six semaines; seulement on doit être avare de cette nourriture, parce qu'elle est échauffante et parce qu'elle rend la chair coriace.

L'administration de l'avoine aux animaux a lieu sous différentes formes : elle est donnée entière aux chevaux adultes et à la volaille; écrasée entre deux rouleaux, elle est plus nutritive, mais moins excitante; sous cette forme, elle convient aux vieux chevaux, chez lesquels les dents sont mal usées et qui rendent dans leurs excréments une grande partie des grains entiers qu'ils ont ingurgités sans avoir pu les broyer; l'avoine écrasée est de même distribuée aux juments poulinières, aux jeunes poulains et aux bêtes à l'engrais. On la mélange à de la paille ou à des fourrages hachés; quelquefois on la fait cuire, mais alors elle perd de ses propriétés stimulantes; elle forme une nourriture profitable aux vaches et aux brebis laitières; enfin, ce grain est utilisé après avoir été macéré ou ramolli dans l'eau bouillante.

B. *De l'orge.* — Au nombre des grains qui ont été employés pour remplacer l'avoine dans la ration des animaux, nous citerons d'abord l'orge. Ce grain sert à la nourriture de tous les herbivores, et sa valeur nutritive est plus grande que celle de l'avoine.

Les Anglais prétendent qu'il y a économie de 20 pour 100 à donner l'orge au cheval en remplacement de l'avoine; on nourrit avec le fruit de cette graminée les chevaux arabes, persans et turcs, et presque tous les solipèdes appartenant aux peuples de l'Asie, de l'Afrique, du midi de l'Europe. En France, on donne aussi l'orge à la place de l'avoine aux chevaux des contrées méridionales; mais cette pratique ne saurait être suivie dans le Nord. Sous l'action d'un tel aliment, les animaux de l'espèce chevaline ont un sang trop riche; ils sont exposés aux congestions sanguines et à la fourbure. Cette maladie, dont le nom semble dériver du mot *Hordéatio* (orge), donné par les auteurs latins à ce mal, est caractérisée par une congestion sanguine des tissus de la partie inférieure des membres, rapidement suivie de l'inflammation des tissus qui engendrent la corne des sabots et de ceux contenus dans la boite cornée elle-même. A quelle cause faut-il attribuer cette particularité? Est-ce un préjugé, se demande Grognier? Est-ce une influence du climat, tant sur la nature du végétal que sur l'ydiosyncrasie (dispositions particulières) des animaux? Ce qu'il y a de remarquable, c'est que lors de l'occupation d'Espagne par les armées françaises, nos chevaux ont difficilement supporté cette nourriture, et la fourbure a sévi parmi eux sous la forme épizootique. Malgré l'inconvénient grave reconnu à l'usage de l'orge dans la ration des chevaux, il ne faut pas l'éloigner à tout jamais de leur nourriture. Donnée en petite quantité, elle ne nuit pas à la santé des chevaux : on la mélange encore avec d'autres grains ou avec de la paille hachée ; on la concasse, on la fait macérer. Les jeunes chevaux qui souffrent de la dentition, et les vieux solipèdes dont les dents sont usées, se trouvent bien de cette nourriture, plus facile à broyer que l'avoine. Pour les bêtes à l'engrais, on a la précaution de lui faire subir certaines préparations. Ecrasée, macérée, elle aide puissamment au bon entretien et au développement de la graisse. L'orge en grains est aussi un aliment fréquemment employé pour engraisser la volaille. Les brasseurs, après avoir travaillé l'orge pour confectionner la bière, obtiennent un résidu auquel on donne le nom de *drèche*. Cette substance est donnée avec avantage aux vaches laitières chez lesquelles elle augmente la quantité de lait. La drèche des brasseries peut se conserver dans de grandes citernes bien maçonnées, pratiquées dans le sol, où on la tasse par couches de 0^m 15 à 0^m 20 d'épaisseur. Quand la citerne est pleine, on l'inonde d'eau salée pour empêcher toute fermentation intérieure et le contact de l'air.

C. *Du seigle.* — Le seigle, encore plus nutritif que l'orge et par conséquent plus que l'avoine, est peu usité en France pour l'alimentation du bétail; il n'en est pas de même en Italie, en Allemagne et surtout en Danemark Quelquefois ce grain, à cause des principes assimilables qu'il renferme en grande quantité, est distribué, mais avec parcimonie, aux juments poulinières qui portent un fœtus ou à celles qui nourrissent; on l'utilise encore pour les animaux maigres, fatigués, chez lesquels on veut développer une nouvelle énergie ou faire développer de l'état. Après des travaux pénibles, les ruminants prennent de l'embonpoint, puis de la graisse, si on leur fait consommer du seigle dans leurs rations. Toutefois les chairs et la graisse, développées à l'aide d'un tel régime, ne jouissent pas de beaucoup de qualités; la viande n'est pas très-estimée. On donne généralement ce grain aux animaux après qu'il a été gonflé par l'eau, ou bien on le mélange à des fourrages peu nutitifs qui lestent seulement les organes digestifs en laissant à l'économie les produits fournis par le seigle, C'est surtout pour l'engraissement des porcs que ce grain est avantageusement employé. Le grain de seigle est quelquefois attaqué par une altération qui en rend l'emploi dangereux; c'est l'ergotisme. Le seigle ergoté cause la chute de la crète chez les volatiles et occasionne l'avortement chez les grandes femelles domestiques. Cette altération rend le grain d'un bleu violacé; il est gros, courbé, friable, d'une odeur et d'une saveur aigre et désagréable.

D. *Froment.* — Ce n'est que par exception que le froment, plus spécialement cultivé pour la nourriture de l'homme, est utilisé en qualité d'aliment pour nos animaux domestiques. Cependant on en fait usage, mais avec ménagement, pour les femelles destinées à la reproduction, pour les jeunes animaux qui ont besoin de se développer ; au moment de la monte, il convient aux mâles étalons de toutes les espèces ; dans les années d'abondance, alors que le prix de cette denrée est peu élevé, les engraisseurs le présentent aux bêtes à l'engrais : ils retirent, par la qualité de la viande qu'ils donnent ainsi à leurs produits, les avances qu'ils peuvent faire.

Comme le froment est dur à la dent et d'une digestion difficile, on le concasse, on le fait gonfler à l'aide de l'eau froide ou on le traite par l'eau bouillante.

E. *Maïs.* — Le maïs possède des propriétés nutritives très-développées ; aussi en Amérique remplace-t-on l'avoine par le grain concassé. C'est surtout aux bêtes qu'on veut pousser à l'engraissement que le maïs convient. Non-seulement cette nourriture donne aux porcs un lard ferme, mais il constitue la base de la ration de production des meilleures volailles, telles que les dindes de Brunswick, les chapons du Mans, les poulardes de la Bresse. Le même grain, distribué avec abondance, aidée puissamment à produire les oies et les canards mulâtres dont les foies énormes sont si estimés des gourmets. Le plus ordinairement le maïs se donne égrené, quelquefois macéré dans l'eau, cuit, concassé ou moulu, ou bien encore germé.

SECTION CINQUIÈME.

Des Graines.

On donne le nom de graine à la partie du fruit renfermée dans le péricarpe. Les graines entrent souvent pour une notable proportion dans la nourriture des animaux, soit qu'on les donne, dit M. Isidore Pierre, séparément comme l'avoine, soit qu'on donne à consommer la plante entière non battue.

Généralement les graines sont classées dans deux catégories : celles qui appartiennent aux plantes légumineuses et celles dites oléagineuses, c'est-à-dire celles qui fournissent de l'huile. Parmi les premières, nous citerons seulement les fèves, les vesces et les gesses ; et parmi les secondes celles de lin et de chènevis, ainsi que les principaux produits qui proviennent des graines oléagineuses.

A. *Fèves.* — Considérées d'une manière générale, les fèves jouissent, comme aliments, de propriétés toniques et fortifiantes. A ces titres, elles communiquent aux animaux beaucoup d'énergie ; mais distribuées en trop grande quantité, elles sont échauffantes et déterminent des maladies dues à l'abondance du sang et aux qualités plastiques de ce liquide. Des diverses variétés de fèves cultivées pour les graines, nous mentionnerons surtout celle dite *fève à cheval*, mieux connue encore sous le nom de *fèverole.*

Fèveroles. — La graine de fèveroles est très-alimentaire ; sa valeur nutritive comparée à celle de l'avoine est, d'après Mathieu de Dombasles, comme 20 est à 10, ou selon M. de Gaujac, comme 20 est à 15. Très-échauffante, la fèverole convient peu aux animaux de travail ; cependant on la donne en Angleterre aux chevaux de trait et à ceux de course. En Italie, elle remplace souvent l'avoine ; il en est de même, selon M. P.-E. Perrot, dans le Bas-Rhin. En France, elle est utilisée principalement pour la nourriture des bêtes à l'engrais aux chairs desquels elle communique des propriétés savoureuses très-estimées.

On varie les modes d'administration de cette graine. Elle est présentée entière et sèche aux animaux qui fatiguent beaucoup ; mais comme elle résiste à l'action des mâchoires, on préfère la briser avant de s'en servir pour alimenter les bêtes jeunes ou vieilles. Le plus usuellement, les fèveroles sont concassées, puis mêlées à d'autres aliments, tels que les fourrages hachés. Pour augmenter la sécrétion des mamelles chez les vaches laitières, il faut non-seulement briser cette graine, mais il faut encore la détremper dans l'eau. Soumis à ce régime tonique, les veaux destinés à la boucherie prennent promptement de la chair qui jouit de très-bonne qualité. La féverole sert encore à l'engraissement des bœufs et des porcs, soit cuite, soit réduite à l'état de farine grossière. Les moutons, la volaille s'en accommodent parfaitement.

Pois, vesces, gesses. — Ces graines légumineuses constituent une nourriture très-substantielle ; elles engraissent les herbivores, le porc et la volaille. Leur valeur nutritive est si riche qu'elles ne doivent être distribuées qu'avec beaucoup de circonspection afin d'éviter des accidents. On donne ces graines aux animaux, soit entières, soit sèches ou ramollies par l'eau, soit encore concassées et même fermentées.

Parmi les graines oléagineuses, il en est peu qui soient employées avec avantage à l'alimentation de nos grands animaux domestiques. Cependant on utilise, et par exception, la graine de lin ainsi que celle de chénevis. Cette dernière, plus spécialement réservée pour la volaille, peut néanmoins servir à refaire les chevaux maigres ou usés, et à pousser à l'engraissement. Toutefois, on s'accorde à reconnaitre que les chairs produites par un tel régime ont peu de fermeté et qu'elles acquièrent un mauvais goût.

Quant aux résidus obtenus après l'extraction du principe oléagineux de ces graines, ils jouent un rôle important dans l'alimentation du bétail. On les désigne sous le nom générique de tourteaux auquel on ajoute la désignation de la graine dont ils proviennent. A la suite des manipulations industrielles opérées sur ces graines, il reste les diverses substances composant la graine elle-même moins l'huile exprimée en très-grande quantité.

Le tourteau de lin jouit de propriétés alimentaires très-échauffantes ; bien administré, il est fort avantageux pour l'élevage et l'entretien des animaux ainsi que pour leur engraissement. Il en est de même des tourteaux de noix, encore appelés *nougats*.

Tels qu'ils se présentent dans le commerce, les tourteaux offrent de la ténacité. Cette propriété physique force à les broyer et à les délayer dans l'eau froide ou bien à les traiter par l'eau bouillante. On les mélange aussi avec des fourrages durs, doués de peu de qualités alimentaires. Ingéré dans les organes digestifs, cet aliment est échauffant; aussi demande-t-il à n'être donné qu'avec beaucoup de parcimonie aux bêtes de travail; il convient surtout aux mères nourrices, aux jeunes animaux et aux femelles laitières, encore chez ces dernières il communique, s'il est distribué en trop grande quantité, une mauvaise qualité au lait et par suite au beurre. La viande et la graisse des bêtes, fortement entrenues avec les tourteaux, sont fades, molles et peu estimées par le consommateur. Ce qui revient à dire que si les tourteaux de lin, bien administrés, produisent de bons résultats; ils en donnent de mauvais si ils sont distribués sans discernement et sans précaution.

Le tourteau *d'œillette* est très-estimé pour l'engraissement; celui *de colza* passe pour plus favorable à la sécrétion du lait. D'abord mal accueilli, le tourteau de *sésame* est maintenant avantageusement employé pour l'engraissement; il entre aussi dans la ration des vaches laitières, dont il enrichit le produit. *Les tourteaux de chanvre* et *de faînes*, employés en trop fortes proportions, peuvent occasionner la diarrhée aux animaux.

Lorsqu'on fait entrer les tourteaux dans l'alimentation des animaux, la proportion la plus commune, selon M. Isidore Pierre, ne dépasse guère 5 à 600 grammes pour un cheval, 100 à 125 grammes pour un mouton. Lorsqu'il s'agit d'un bœuf à l'engrais, on élève progressivement la dose depuis 500 grammes jusqu'à 1 kilogramme et demi et même 2 kilogrammes.

Farines et son.

Après nous être occupé des propriétés nutritives des grains et des graines, il est rationnel que nous disions quelques mots des produits que l'industrie en retire pour les livrer aussi, sous une autre forme, à l'alimentation du bétail.

On donne le nom de *farine* à la poudre qu'on obtient par la division ou mouture des divers grains ou graines, et surtout de ceux qui contiennent beaucoup de fécule. Considérées d'une manière générale, les farines de bonne qualité sont plus nourrissantes que les grains qui les fournissent, et leur action sur l'économie animale est différente suivant leur provenance. Celle de froment, peu employée pour nourrir nos animaux domestiques, convient cependant aux femelles pleines vers les derniers jours du temps de la gestation ; aux mères nourrices que la lactation épuise ; aux jeunes sujets dont le corps a besoin de se développer, et enfin, aux bêtes à l'engrais. Dans les années où le grain est à vil prix, on emploie beaucoup la farine de seigle pour achever l'engraissement des bœufs et des porcs; on en fait entrer aussi dans la provende des moutons. Comme les graines desquelles elles proviennent, *les farines de vesce, de gesse* et *de lentilles* sont très-échauffantes; *celle de lin* jouit d'une grande valeur nutritive; elle convient beaucoup pour pousser à l'engraissement tous les animaux ruminants; elle entretient bien les veaux auxquels elle donne une viande de bonne qualité. Enfin elle est utile encore pour l'alimentation des herbivores au moment du sevrage. Mélangées avec de l'eau chaude, les farines de graminées sont présentées aux animaux convalescents et aux femelles domestiques après l'acte de la parturition.

Le son, fourni par l'écorce du grain moulu, jouit de qualités nutritives variables selon la perfection apportée dans la confection des moulins et des cribles à travers lesquels il a passé. Aujourd'hui, on ne saurait se le dissimuler, le son livré au commerce est presqu'entièrement privé de farine ; cet aliment n'est plus formé que par le ligneux de l'écorce du grain. Aussi ne donne-t-il pas à l'eau la teinte laiteuse qui dénote la présence de la farine. Malgré cela, le ligneux renferme encore des principes azotés qui lui conservent quelque propriété alimentaire. Il est facile au reste d'augmenter la valeur nutritive du son en y ajoutant une plus ou moins grande quantité de farine. Si par ce moyen on accroît le prix de cette denrée, on accroît aussi notablement ses qualités. Avant d'opérer ce mélange, il est nécessaire pour bien se rendre compte de ce que vaut le son, d'y plonger la main ; si celle-ci n'en sort pas blanchie par la farine, c'est que le ligneux seul de l'écorce est sorti des appareils perfectionnés du moulin.

Les effets du son sur la santé des animaux sont utiles ou nuisibles, suivant le mode adopté pour administrer cet aliment. S'il est donné sec, il est d'une digestion difficile et peut déterminer des indigestions d'autant plus graves que, eu égard à la petite quantité de principes alibiles qu'il renferme, il est consommé en forte ration. Reubold considère comme la source probable des concrétions organiques (calculs) qui se forment dans les intestins des chevaux, le son qui entre pour une forte proportion dans le régime alimentaire. Fuerstemberg traduisit cette probabilité en fait. On constate en effet que les chevaux de meuniers, de boulangers et de marchands de farine sont plus sujets aux affections calculeuses intestinales que ceux placés dans d'autres conditions. Nous pensons qu'on a peut-être exagéré les effets du son comme causes de ces concrétions anormales, et sans être aussi affirmatifs que l'auteur que nous venons de citer, nous croyons que le son sec, distribué en très-grande quantité et usuellement, vient ajouter aux autres causes qui concourrent au développement des calculs intestinaux chez les chevaux. Il est mieux de mouiller le son avant de le présenter aux animaux. Ainsi traité, c'est-à-dire *fraisé*, cet aliment se digère facilement. Toutefois, les bêtes soumises à une alimentation abondante en son prennent assez promptement de l'embonpoint, mais elles ne gagnent pas en force et en vigueur. Pour qu'il soit rafraichissant, cet aliment a besoin d'être mélangé avec une plus forte quantité d'eau. Le mélange demi-liquide parcourt les organes digestifs sans nourrir beaucoup, il purge légèrement. M. Magne prétend que si l'on distribue aux porcs des rations un peu abondantes de son, celui-ci traverse le tube digestif sans avoir été altéré et qu'on le trouve dans les excréments avec toutes ses propriétés physiques, mais exhalant une odeur acide très-désagréable.

On donne le son aux bêtes à laine et aux chèvres de deux manières : mêlé à des grains secs ou mouillés, ou réuni à des substances herbacées, sous forme de pâtées; mêlé aussi à des plantes herbacées, il est utilisé pour l'élevage de la volaille. Le son sec, administré au cheval vieux, à dents mal usées, mêlé avec d'autres grains, peut être la cause d'accidents redoutables. Ces deux aliments s'unissent quelquefois dans le tube intestinal et forment une masse (pelote stercorale) qui obstrue la lumière de l'intestin et détermine la mort après des souffrances inouïes, si la main de l'homme de l'art ne peut atteindre et broyer ces pelotes.

SECTION SIXIÈME.

De la Paille.

En agriculture, on donne le nom de paille aux tiges sèches et battues des végétaux cultivés pour leurs graines. Ce fourrage, de première nécessité, sert à la nourriture des bestiaux, à la confection des litières et à la préparation des engrais. Nous devons nous occuper ici de la paille considérée exclusivement sous le rapport de ses propriétés nutritives.

La valeur de la paille, comme fourrage, dépend surtout : de la plus ou moins grande quantité de grains restée dans l'épi, et indirectement de la manière dont elle a été battue (au fléau, à la machine ou par dépiquage); de la variété à laquelle appartient la céréale et du sol qui l'a produite; de la maturité du grain; des conditions dans lesquelles a été faite la récolte, et par suite desquelles la paille peut avoir été rentrée sèche ou humide; de la hauteur à laquelle elle a été coupée, fauchée très-bas ou sciée très-haut; de la quantité et de la nature des herbes mélangées aux gerbes et de l'abondance relative des feuilles. Le climat a aussi de l'influence sur les qualités alimentaires de la paille. Aussi, dans le Midi, les pailles sont plus sucrées, plus fines, moins fistuleuses, elles sont en un mot plus alibiles que dans les contrées froides.

Pour être bonnes, les pailles doivent avoir conservé leurs feuilles et leurs épis; être légèrement jaunes, insipides ou sucrées, inodores, nouvelles plutôt que trop vieilles; fraîchement battues, exemptes d'altérations nuisibles à la santé. Les différentes parties de la paille n'ont pas la même valeur comme fourrage. M. Isidore Pierre classe ainsi les différentes parties de ces végétaux : 1° épis vides; 2° feuilles seules; 3° partie supérieure de la paille effeuillée; 4° partie inférieure de la tige. Enfin, pour une même espèce de céréale, la qualité de la paille doit dépendre de la hauteur à laquelle a poussé la plante, de la vigueur de sa végétation et de l'abondance du produit qu'elle a fournie. Toutefois, disons-le de suite, quelles que soient les propriétés nutritives des pailles, celles-ci ne sauraient suffire pour l'alimentation des animaux. Ceux qui en sont exclusivement nourris maigrissent beaucoup et tomberaient dans un grand état de maigreur, si leur usage se prolongeait trop longtemps sans addition d'autres substances soit farineuses, soit parenchymateuses, soit herbacées.

Etudions, à la suite de ces généralités sur les pailles, considérées comme fourrage, quelques-unes d'entre celles usuellement employées ponr la nourriture des animaux.

A. *Paille de froment.* — Cette paille n'est pas toujours creuse; dans les régions méridionales elle est plus souvent pleine et partant plus nutritive que dans les régions du nord. Ce fourrage convient très-bien aux bêtes à cornes et aux moutons; on le donne aux bœufs de travail et aux vaches quand ils reçoivent des betteraves, des rutabagas, des navets, des carottes et des résidus ou des marcs. Il pompe alors l'excès d'eau que renferment ces substances et facilite ainsi la digestion. La paille de froment est bonne aussi pour les chevaux; sa valeur nutritive est ainsi établie : 34 kilogrammes 30 peuvent remplacer 10 kilogrammes de foin en moyenne.

B. *Paille d'avoine.* — Tous les animaux appêtent avec plaisir la paille d'avoine quand elle est nouvelle et si le javelage n'a pas été prolongé. Elle convient surtout aux vaches et aux moutons après l'administration des racines et des tubercules. Quant aux chevaux, ils préfèrent la paille de froment à la paille d'avoine, bien que celle-ci soit plus nutritive que la première, puisque 20 kilogrammes 80 égalent 10 kilogrammes de foin naturel.

C. *Paille d'orge.* — Les animaux recherchent peu la paille d'orge à cause de sa dureté; aussi est-il nécessaire, pour la rendre plus agréable et plus digestive, de la faire ramollir avant son administration. On estime que la paille d'orge convient mieux aux grands ruminants qu'aux autres animaux, la valeur nutritive de ce fourrage est cependant plus grande que celle de la paille d'avoine. Ainsi 20 kilogrammes 10 seulement équivalent à 10 kilogrammes de foin de prairies naturelles.

D. *Paille de seigle.* — Peu alimenteuse et d'une digestion difficile, la paille de seigle a besoin de macérer pendant plusieurs heures avant d'être présentée aux animaux. A l'exception des ruminants, les autres bêtes la recherchent peu; on prétend cependant que ce fourrage est très-usité en Allemagne. 44 kilogrammes remplacent 10 kilogrammes de foin normal.

De toutes ces pailles, celles d'avoine, d'orge et de seigle donnent au lait et au beurre un goût amer fort désagréable : on assure aussi que la paille d'orge diminue notablement la quantité du lait.

Les pailles des légumineuses sont plus nutritives que celles que nous venons d'étudier ; pleines, charnues, poreuses, parenchymateuses, elles sont succulentes, tendres et jamais complètement épuisées par les graines.

Parmi les pailles fournies par les plantes appartenant à la famille des crucifères, nous citerons la paille de colza qui, humectée par l'eau, est facile à digérer et nourrit beaucoup. M. de Gasparin conseille de la faire cuire ; elle devient alors très-agréable et les animaux la consomment avec profit. Il résulte d'études faites en Allemagne sur les propriétés nutritives des pailles que celles de lentilles, de vesces, de fèves, sont les plus nutritives ; celles de céréales, telles que les pailles de froment, d'avoine, de seigle, d'orge viennent après, et les pailles de sarrazin occupent le dernier rang. Ces observations ont été confirmées en France par la pratique.

La paille, comme tout autre fourrage, peut-être frappée d'altérations dues à des causes ayant agi soit avant la récolte, soit après la mise en magasin. Ces altérations enlèvent une partie des propriétés nutritives des végétaux et lui communiquent de mauvaises qualités. Ainsi la *rouille* qui rend le vegétal moins alibile irrite les organes digestifs, occasionne des coliques et quelquefois des fièvres charbonneuses ; la *carie*, due à la formation d'un champignon, remplace la farine par une poussière grasse, noire ou olivâtre, d'une odeur désagréable ; elle détruit la partie la plus nutritive du végétal. Enfin les animaux repoussent la paille moisie et surtout celle souillée par les excréments d'autres animaux et notamment par ceux du chat.

On administre les pailles sous différentes formes : entières, hachées, seules ou mélangées à d'autres fourrages, crues,

BIBLIOTHÈQUE IMPÉRIALE

cuites, fermentées ou du moins ramollies par la macération. Ajoutons, en terminant, ce que nous avons à dire sur ce sujet qu'on appelle *menue paille* les enveloppes florales des graminées obtenues par le nettoyage du grain. Cette menue paille est fort peu nutritive; on l'associe aux substances aqueuses afin d'absorber leur excès d'humidité : on en fait aussi des buvées, des provendes réservées principalement pour les vaches; elle est aussi mêlée à du son, à de la farine, ou à des racines cuites.

SECTION SEPTIÈME.

Tubercules et Racines. — Résidus de fabriques.

Parmi les tubercules et les racines employés pour nourrir les animaux, nous choisirons ceux dont la valeur nutritive est assez grande pour concourir d'une manière avantageuse à l'entretien et à l'amélioration du bétail.

A. *Pommes de terre.* — Les différentes variétés de pommes de terre cultivées peuvent être utilisées, comme aliments, pour nos animaux. Toutefois, les facultés alimentaires de ce fourrage présentent des nuances suivant ses nombreuses variétés, selon le sol où il a été récolté, l'abondance des pluies pendant sa végétation et l'époque à laquelle il est employé. Mathieu de Dombasle admettait que 224 kilogrammes de ces tubercules étaient, en moyenne. les équivalents de 100 kilogrammes de foin. On assure, écrit M. P. Joigneaux dans le *Livre de la Ferme*, que 16,000 kilogrammes de tubercules, produit approximatif d'un hectare, valent 8,400 kilogrammes de bon foin.

A l'état de crudité, la pomme de terre renferme un principe narcotique, appelé *solanine*, qui en rend l'usage difficile. Aussi doit-on avoir la précaution de ne donner d'abord ce tubercule qu'à petite dose, de manière à former seulement le quart ou le tiers au plus de la ration. Cette quantité cependant pourra être augmentée, sans qu'on ait à redouter des inconvénients, si on mêle la pomme de terre avec d'autres fourrages. Certains auteurs prétendent que sous l'influence de cet aliment les animaux perdent de leurs forces; que le corps se relâche, qu'il contracte des diarrhées fétides, symptômes précurseurs d'indigestions mortelles. Il en est d'autres, au contraire très-recommandables aussi, qui assurent que les pommes de terre peuvent être données aux chevaux au lieu et place de l'avoine, sans les affaiblir, sans changer leurs genres de travaux. M. Favre conseille de les administrer crues après les avoir écrasées et privées, par une forte pression, de l'excès d'humidité qu'elles renferment. Nous trouvons, dans un des bulletins de la Société d'agriculture du département de l'Oise, année 1835, une opinion émise, sur l'usage de la pomme de terre crue pour la nourriture des solipèdes, par un agriculteur très-distingué de notre pays. M. Bazin, directeur de la ferme du Mesnil-Saint-Firmin, expose que plusieurs fermiers du département de la Somme donnent journellement de 10 à 12 kilogrammes de pommes de terre crues à leurs chevaux qui, quoique occupés tout l'hiver à de rudes travaux, se trouvent très-bien de ce régime. Lui-même a adopté ce régime, et avec succès pour ses animaux, de la manière suivante : Il a d'abord donné les tubercules mêlés à 2 kilogrammes de son, dose qu'il a diminuée successivement; ses chevaux recevaient par jour 25 demi-kilogrammes de pommes de terre avec 8 ou 10 kilogrammes de luzerne. Malgré l'autorité que l'on doive accorder aux opinions que nous venons de relater, nous n'en persistons pas moins à recommander beaucoup de circonspection dans l'administration de la pomme de terre crue à nos animaux domestiques. Nous le répétons, ce tubercule contient un principe délétère qui ne saurait être innocent s'il est introduit à forte dose dans l'économie. Ne serait-ce pas parce que déjà on a eu des occasions de constater les inconvénients auxquels peut donner lieu l'emploi de cet aliment, qu'il est généralement rejeté, à l'état de crudité du moins, de la ration journalière du bétail? Suivant Joigneaux, les fines pelures de pommes de terre, comme on sait les faire en Belgique, sont données aux lapins pendant l'hiver. Dans les Flandres, on les laisse sécher, à cet effet, sur les greniers. Les fanes vertes des pommes de terre précoces sont aussi données aux vaches qui les mangent fort bien.

La cuisson détruit le principe délétère de la pomme de terre et lui fait acquérir de nouvelles propriétés alimentaires. Ainsi traité, ce tubercule devient d'une digestion facile et convient aux différentes espèces animales. Selon M. Bazin, la nourriture du cheval avec la pomme de terre cuite, prix de main-d'œuvre et combustible compris, ne coûtera pas moitié de ce qu'elle coûte suivant le régime ordinaire. A l'exception des porcs qui peuvent être exclusivement nourris avec des pommes de terre cuites, nous avons peine à croire que les animaux de travail trouvent dans cet aliment assez de principes assimilables pour réparer les pertes qu'ils éprouvent dans leurs efforts musculaires. L'administration de ces tubercules, après la cuisson, est surtout avantageuse pour les bêtes soumises au régime de l'engraissement à la pouture ainsi que pour la volaille. On les mélange, après qu'ils ont été écrasés, avec de la menue paille ou avec des fourrages secs hachés, ou encore avec des graines de foin. On a conseillé de réserver les pommes de terre altérées par la maladie qui, depuis 1843 surtout, frappe annuellement ce tubercule, pour l'alimentation des animaux et surtout pour celle des vaches. Nous ne conseillons à personne, dit encore M. Joigneaux, de soumettre les animaux à ce régime; nous ne pouvons pas admettre qu'une mauvaise nourriture puisse donner de bons résultats.

Après qu'on a extrait de la pomme de terre, à l'aide de procédés qui appartiennent à l'industrie, la fécule qu'elle renferme, il reste le parenchyme celluleux des tubercules et de plus un peu de fécule qui a échappé aux moyens mécaniques.

Ce résidu est aussi utilisé pour nourrir les animaux, après toutefois qu'il a été privé, soit par la pression, soit par la cuisson d'une grande partie de son humidité. La valeur nutritive de ce résidu semble s'accroître avec son état plus ou moins complet de siccité. On admet qu'il faut 300 kilos de ces pulpes pour remplacer, comme valeur nutritive, un quintal de foin. Les grands herbivores aiment à trouver dans leurs rations une certaine quantité de résidu de pommes de terre qui leur est présenté cru ou cuit. On le donne aussi aux moutons et aux porcs.

B. *Topinambour.* — Le topinambour est une plante alimentaire qui rend de grands services; ses tubercules conviennent à presque tous les animaux domestiques et surtout aux herbivores. Suivant M. Couché, le topinambour, conservé dans un lieu frais, fournit une excellente nourriture dans le mois de février; il est alors plus ferme, moins aqueux, plus nutritif, plus sapide qu'en automne et pris avec plus d'avidité par les bestiaux. M. Bailly donne ces tubercules à ses bœufs d'engrais, à ses brebis nourrices, sans s'être jamais aperçu qu'ils eussent une fâcheuse influence sur la santé de ses animaux. Mes bœufs, dit-il, engraissent bien et mes brebis ont les mamelles remplies de lait; les agneaux eux-mêmes en mangent, et ils s'en trouvent très-bien. Les bêtes à laine sont au reste très-avides de cette nourriture. On peut aussi présenter les topinambours aux chevaux. Mes carottes, dit encore M. Bailly, ayant mal réussi cette année, j'ai donné à mes chevaux de travail, dans le régime desquels cette racine remplace l'avoine pendant 4 à 5 mois, d'abord un mélange de carottes et de topinambours, puis ces derniers sans mélange; leur santé ni leurs travaux n'en ont aucunement souffert. Cette expérience a duré six semaines; la ration de chaque cheval a été pendant les quinze premiers jours de 30 à 35 litres de carottes et de topinambours par moitié; puis, pendant un mois, de pareille quantité de topinambours seuls. Je puis assurer, ajoute ce cultivateur, que j'ai donné à mes animaux même ration de topinambours, en volume, que de betteraves et même de carottes, et que je ne me suis pas aperçu de différence pour la production de la graisse, du travail ou du lait. M. Hache de la Condamine écrit aussi au sujet des topinambours : J'en donne tous les ans à mes chevaux, aux vaches laitières et aux cochons, en mars, avril et mai ; ils s'en trouvent bien. C'est surtout pour la nourriture des moutons que ces topinambours sont recommandés : ils leur fournissent des aliments propres à les maintenir en bon état. Ce tubercule peut se donner crû sans qu'il soit indigeste. Néanmoins et quels que soient les avantages attribués aux topinambours par certains expérimentateurs, il n'est pas encore suffisamment démontré que ces tubercules puissent constituer la base de la nourriture des animaux, pas même celle des moutons dans la ration desquels ils ne sauraient entrer pour plus d'un tiers. Dans une note manuscrite remise à M. de Gasparin par M. Boussingault, celui-ci pense que 100 kilogrammes de foin sont remplacés dans le régime par 248 kilogrammes de topinambours, et il propose la combinaison suivante pour la ration d'une vache : foin, 7 kilogrammes 5 ; topinambour, 19 kilogrammes ; paille hachée, 2 kilogrammes.

C. *Carottes*. — La carotte est très-adoptée pour l'alimentation du bétail. Selon Mathieu de Dombasle, il y a très-peu de récoltes qui surpassent la valeur de celle-ci dans leur application à la nourriture des bestiaux. En France, on préfère généralement les variétés jaunes et blanches; la blanche passe pour la meilleure aux yeux des Italiens. En Angleterre et en Allemagne, on met au-dessus de toutes les autres la variété rouge. Cette divergence dans les opinions émises sur la valeur nutritive des différentes variétés de carottes nous démontre que toutes sont alimentaires et jouissent de grandes qualités. On estime que 250 kilogrammes nourrissent autant que 100 kilogrammes de foin. La carotte est aussi un fourrage racine qui engraisse très-facilement ; il est donné, non-seulement aux herbivores, mais encore aux porcs, à la volaille et même aux veaux qu'il pousse rapidement et qui, sous son influence, acquièrent une chair ferme et savoureuse.

Aux bêtes de travail, aux chevaux même, la carotte communique de la force et de la vigueur; alors qu'elle a été consommée pendant quelque temps, on voit la peau devenir souple, le poil brillant. Ce fourrage-racine est très-salutaire aux poulains qui prennent du développement et grandissent; il donne beaucoup de lait aux vaches, et ce lait, comme le beurre qu'on en retire, est d'une excellente qualité. Sous l'action de cette nourriture distribuée aux brebis nourrices, les agneaux prospèrent.

La carotte se donne quelquefois seule, mais il est plus avantageux de la mêler à d'autres aliments. Pour être administrée crue, elle demande à être coupée en tranches minces, soit à l'aide d'un couteau, soit encore, alors que le nombre des animaux qui doivent la recevoir est grand, après avoir passé entre les lames des coupe-racines. Cette manipulation ne rend pas seulement la racine d'une mastication et d'une digestion faciles; elle évite encore les accidents qui pourraient survenir en présentant la carotte entière ou en morceaux assez gros. L'un de ces accidents est l'arrêt du corps alimentaire dans l'œsophage ou conduit que suivent les aliments pour se rendre de la bouche dans l'estomac. Si malgré les précautions prises, si aussi, par une cause indépendante de la volonté des gardiens d'animaux, un tel accident arrive, il faut immédiatement y porter remède. Pour cela, différents moyens ont été recommandés : 1° reconnaître du côté gauche de l'encolure, dans la gouttière parcourue par la veine à laquelle on pratique ordinairement la saignée, la présence du corps étranger; puis essayer de faire remonter celui-ci vers la bouche en le poussant avec les doigts de bas en haut, ou si cette manipulation est sans résultat et que le bol alimentaire ait déjà parcouru un certain trajet dans l'œsophage, agir en sens inverse, c'est-à-dire de haut en bas, pour le chasser vers l'estomac; 2° ou bien faire prendre à l'animal un breuvage d'huile d'olives; 3° si tous ces moyens ont été inutiles, recourir à l'emploi de la sonde Prangè. Cet instrument flexible est facile à manœuvrer. La sonde perfectionnée par M. Prangé est d'une seule pièce, cylindrique, faite en gutta-percha; sa longueur est de 1 mètre 50 à 1 mètre 60. L'une de ses extrémités se trouve percée de trous par lesquels passent le gaz quand on utilise cet instrument dans les cas de météorisation chez les ruminants; l'autre extrémité est terminée en pavillon. Avant d'introduire cette sonde, on place entre les deux mâchoires, dans l'espace interdentaire, un morceau de bois percé à son centre d'une fenêtre qui donne passage à la sonde, la maintient et fournit à l'opérateur un point d'appui pour la faire arriver à l'œsophage. Il faut aussi, pour manœuvrer plus facilement l'instrument et pour aider à son action, placer l'animal sur un plan incliné, sur un fumier, par exemple, de manière que les membres de devant soient plus élevés que ceux de derrière. En poussant doucement cette sonde, elle arrive dans l'œsophage sur le corps alimentaire qui en obstrue la lumière; on surmonte la résistance offerte par le corps étranger et on pousse celui-ci, s'il ne cède de lui-même, jusqu'à l'entrée de l'estomac. Si la sonde est trop flexible, alors on introduit dans son intérieur une baguette flexible. Quand enfin on n'a pas à sa disposition la sonde de M. Prangé ou tout autre instrument analogue, il est bien de se servir d'une baguette flexible, un manche de fouet dit Perpignan, à l'une des extrémités de laquelle. et c'est à la plus mince, on attache fortement un petit tampon de linge.

Les carottes soumises à la cuisson poussent à l'engraissement; on les unit à d'autres substances alimentaires.

D. *Panais. Rave-Turneps. Navet de Suède.* — La racine du panais est presque aussi nutritive que celle de la carotte; elle engraisse facilement les animaux et active la sécrétion des mamelles; le lait fourni par les femelles soumises au régime du panais rend une crême épaisse et un beurre d'un goût agréable; il convient encore pour les porcs à l'engrais et pour les bêtes à laine.

Au nombre des variétés de rave, il en est une très-cultivée en Angleterre, c'est celle nommée *turneps*. Cette racine jouit de propriétés engraissantes et lactifères très-prononcées; mais elle demande à ne pas être administrée seule, à moins de lui avoir fait subir la cuisson, pour la dépouiller du principe âcre qu'elle possède. Ce principe, quoique peu abondant, finirait par se communiquer au lait et à la viande.

En Angleterre, le rutabaga ou navet de Suède est cultivé depuis longtemps; introduit en France vers 1789, sa culture y a pris de l'extension. La racine de cette plante entretient bien les animaux, les rend vigoureux et donne aux femelles quantité de lait, dont le beurre est très-bon. Sous ce rapport, dit M. Magne, elle est préférable à la rave, au chou, à la pomme de terre, et même à la betterave. Schwerz fixe son équivalent à 100 pour 50 de foin; Thaër à 100 pour 33 de foin. M. Boussingault dit qu'en assimilant 100 de rutabaga à 25 de foin, on les traite trop bien. M. de Gasparin pense que comme nourriture de bêtes de travail, 100 kilogrammes de cette racine avec leurs feuilles ne valent pas plus que 18 kilogrammes 3 de foin; mais qu'il est possible que dans l'engraissement 100 kilogrammes aient la même vertu engraissante que 30 kilogrammes de foin.

E. *Betterave.* — La betterave est regardée comme un des riches produits de l'agriculture. Quelle est la variété de cette racine, que l'on doit préférer pour la nourriture des animaux? Les avis, sur ce point, sont partagés : M. Bailly recommande celle dite *jaune d'Allemagne* comme étant très-nourrissante et bonne pour l'engraissement des bœufs; Mathieu de Dombasles et le baron Crud optent pour la *blanche de Silésie*. Aux environs de Paris, les nourrisseurs préfèrent la betterave *jaune longue* à la variété *disette* pour l'alimentation des vaches.

On obtient de la betterave un aliment salubre, nourrissant bien le bétail, le rafraîchissant tout en combattant les mauvais effets d'une nourriture sèche. Cette racine convient à tous les animaux, notamment aux grands ruminants; elle aide puissamment à la production du lait, dont la qualité cependant n'est peut-être pas irréprochable. On reproche à la betterave d'amoindrir la richesse butyreuse du lait et de le rendre fade. Malgré les bonnes qualités alimentaires de la betterave, celle-ci n'est favorable à l'entretien de la santé qu'autant qu'elle est distribuée avec discernement. Ainsi, l'expérience a démontré qu'elle ne peut excéder les trois quarts de la ration. Généralement, on estime que 260 à 300 grammes de betterave équivalent en moyenne à 100 grammes de bon foin. Si l'on présente au bétail la racine crue en grande quantité, il peut survenir de graves altérations dans son état sanitaire. Suivant M. Magne, de trop fortes rations de cette racine produisent la péripneumonie contagieuse ou prédisposent les animaux à contracter cette terrible maladie. L'usage de la betterave crue, malheureusement encore trop répandu dans les campagnes, est, suivant l'opinion de M. H. Champonnois, pernicieux pour le bétail; il le prédispose à la péripneumonie.

Après la sécheresse de 1859, les nourrisseurs de Paris, qui en ont donné de très-fortes rations, de 25 à 30, et même 35 kilogrammes par jour et par vache, lui ont attribué, en grande partie, les pertes considérables qu'ils ont éprouvées. Quelques-uns ont déjà cessé d'en faire consommer; la plupart se bornent à en administrer de moindres quantités, 10 à 15 kilogrammes par jour et par tête. L'excès de cette racine dans l'alimentation finit par en dégoûter les animaux et par amener dans leur économie des dérangements qui se traduisent par une diarrhée intense.

La betterave convient très-bien aux bêtes de travail et à celles soumises au régime de l'engraissement; elle est très-favorable à la santé des brebis et de leurs nourrissons. On a souvent essayé de la donner aux chevaux ; ceux-ci s'y habituent facilement. Ainsi, dans le Palatinat, cet aliment est utilisé pour les solipèdes.

Administrée à l'état de crudité, la betterave a besoin d'être préalablement lavée ou simplement nettoyée avec soin, et divisée en rouelles par le coupe-racines. Les qualités alimentaires de cette racine, ou tout au moins son innocuité, sont augmentées par la cuisson; il n'est pas démontré, écrit M. Magne, que le prix de cette préparation ne dépasse pas les avantages qu'elle peut offrir.

Dans l'alimentation du bétail, on utilise non-seulement la betterave crue ou cuite, mais on emploie encore la pulpe, c'est-à-dire le résidu obtenu de cette racine après que l'industrie en a extrait certains produits.

La pulpe de betterave jouit d'une valeur nutritive différente, suivant les manipulations effectuées pour l'obtenir. De là la nécessité d'entrer dans quelques détails afin de bien établir ces différences.

La betterave est composée de liquides (jus) et de matières solides (tissu cellulaire ou ligneux, constituant le parenchyme de la racine) dans les proportions de : jus, 97 à 98, et tissu parenchymateux, 3 à 2. Après avoir été lavée et soumise à l'action de la râpe, qui la réduit en bouillie, la betterave est placée dans des sacs, puis elle est fortement comprimée. Alors le jus filtre à travers les pores de l'enveloppe, et la matière solide ou résidu reste dans les sacs. Dans cette opération, toute mécanique, le liquide n'est pas extrait en totalité ; il en reste une certaine quantité, évaluée à 22 ou 25, dans les mailles de la racine ; par conséquent, le résidu ainsi obtenu est formé de 2 à 3 de tissu ligneux et de 22 à 25 de jus. L'analyse chimique dénote, dans ce même résidu, la présence de sucre, de matières azotées et de sels, en assez grande quantité. Ce ligneux, qui a conservé une faible proportion de jus, ne peut pas toujours être immédiatement utilisé avec profit pour la nourriture des animaux. La pulpe pure est relâchante; elle n'acquiert les qualités acides qui la font rechercher du bétail qu'après un séjour plus ou moins prolongé en tas ou en silos. On a calculé que la valeur nutritive des résidus frais, comparée à celle de la betterave, se trouve amoindrie notablement.

L'industrie ne pouvait pas laisser dans les résidus de la betterave une aussi forte proportion de jus; aussi a-t-elle perfectionné ses moyens d'extraction; d'où il résulte que la valeur alimentaire de la pulpe de betterave varie avec le procédé employé pour extraire le jus. Pour étudier avec fruit l'action des pulpes de betterave sur l'économie animale, nous aurons recours aux écrits d'hommes en position pour bien connaître la question.

De tous les systèmes de distillation adoptés pour la betterave, le plus usité, en France, est celui de M. Champonnois. Ce procédé, dit *à la vinasse*, consiste dans la division de la racine en tranches, et dans la macération dans la vinasse. On appelle ainsi le liquide fermenté à feu nu, qui a été dépouillé d'alcool par la distillation. Par cette méthode de travail, la vinasse est toujours employée au déplacement du jus de la betterave; elle se substitue à ce liquide, et constitue à peu près les éléments primitifs de la racine, moins le sucre, qui s'est transformé en alcool. C'est de la pulpe obtenue par le procédé champonnois que nous nous occuperons exclusivement à tout autre.

M. de Gasparin croit que cette pulpe est égale en valeur nutritive à la betterave elle-même. De l'avis de tous les cultivateurs, écrit M. Champonnois, la pulpe est une excellente nourriture. Les uns lui assignent une valeur au moins égale, et d'autres bien supérieure à la betterave crue, poids pour poids. M. Bella disait, en septembre 1858 : « Une expérience de trois années m'a convaincu que 100 kilogrammes de résidus de betterave, distillés par le procédé Champonnois, valent beaucoup plus, surtout pour l'engraissement, que 100 kilogrammes de betteraves crues.... Mais je suis certain aussi que 100 kilogrammes de betteraves ne valent plus, après avoir été macérés, ce qu'ils valaient avant l'opération; ils ont perdu non-seulement la matière sucrée qui a une valeur nutritive, mais encore une certaine quantité de vinasse, que, dans une exploitation où il y a beaucoup de bêtes d'élevage, on a intérêt à verser en partie aux engrais liquides. »

« Ce qu'il y a de certain, écrit M. Edouard Lecouteux, dans son *Traité de Culture améliorante*, c'est que cette valeur nutritive des pulpes dépend beaucoup de leur température au moment de leur emploi, du genre de produit qu'on recherche dans les animaux nourris, du procédé d'extraction du produit industriel, des autres aliments auxquels sont associées ces pulpes, et notamment de la proportion qui leur est assignée dans le mélange. »

M. Clément, chef de service de chimie à l'école impériale vétérinaire d'Alfort, a fait l'analyse chimique composée des pulpes de betteraves pressées et des pulpes obtenues par la coction à la vinasse dans l'application du procédé Champonnois.

Nous extrayons les renseignements suivants du rapport fait sur ce travail, par O. Delafond, à la société centrale d'agriculture en 1858. La société s'est efforcée de démontrer, depuis l'établissement des distilleries jusqu'à ce jour, que les mélanges de la betterave dépourvue de sa matière saccharine, réduite à l'état de pulpe molle et aqueuse, peut constituer un aliment convenable à la santé du bétail, alors même qu'il est mélangé avec d'autres substances alimentaires sèches. Il résulte des analyses chimiques des mélanges de pulpes champonnois et de menues pailles rationnellement opérés et convenablement fermentés, comparés à celle de la betterave pure, qu'ils sont aussi alibiles, s'ils ne le sont pas plus que cette racine; mais qu'ils le sont moins que la pulpe pressée, pure, et surtout mélangée de fourrages. Les menues pailles, les fourrages secs, hachés, naturels ou artificiels, en absorbant l'excès d'eau, ou mieux, de vinasse (procédé champonnois), augmentent le chiffre des principes azotés, sucrés, gommeux ou autres, renfermés dans les substances alimentaires, d'où il suit que ces mélanges ont la plus grande analogie avec les pulpes épuisées seulement par l'action des presses, et leur sont en touts points comparables.

M. Champonnois fait ainsi ressortir les avantages qu'il y a à préserver la pulpe des distilleries aux résultats obtenus sur la betterave pure par certaines manipulations, telles que :

1° *Fermentation préalable de la betterave découpée et mélangée aux menues pailles et fourrages hachés.* L'expérience a prouvé que, par ce moyen, on ne peut employer qu'une quantité très-limitée de fourrages secs. La fermentation doit être longue, avec addition d'eau chaude ; elle s'opère souvent dans des conditions de succès trés-incertaines. Ces fourrages, selon M. Champonnois, mélangés dans une plus grande proportion avec les pulpes chaudes de distillerie, entrent promptement en fermentation et s'imprégnent de cette odeur de la vinasse qui les fait rechercher avec avidité par le bétail.

2° *Cuisson des betteraves, administration au bétail avec ou sans fermentation préalable.* Ce moyen est préférable au précédent, comme résultat d'alimentation; mais il occasionne des frais presque aussi dispendieux que la distillation : il faut, en effet, laver, découper, faire cuire la betterave.

Ou a paru craindre de mauvais résultats de la pulpe de betterave, à cause de la grande quantité d'humidité qu'elle renferme. M. Barral rassure à ce sujet. L'humidité de la pulpe, dit-il, n'est pas une cause d'insalubrité ; depuis plusieurs années, aux environs de Metz (Moselle), on se sert, avec avantage, d'une pulpe très-aqueuse qui provient de la distillation des betteraves réduites en pâte. (*Journal d'agriculture pratique*, avril 1855.)

Comme, au reste, tous les aliments aqueux, la pulpe de betterave demande des précautions dans son administratiou. La dose doit varier suivant les espèces d'animaux, leur condition et le but qu'on veut atteindre. La quantité peut être considérable pour les bêtes à l'engrais, et si l'engraissement est conduit rapidement, autrement ce régime semble mener à la cachexie, surtout les individus de l'espèce ovine.

Pour les bêtes d'élevage, la proportion de pulpes doit être beaucoup moins forte. On conserve ainsi une énergie suffisante, en même temps qu'on excite l'activité de l'appareil digestif.

La valeur des pulpes dépend beaucoup des substances avec lesquelles on les associe; cette valeur diminue quand les animaux sont dévoyés. Les plus fortes rations en pulpe n'ont pas dépassé, pendant la campagne 1855-1856, chez les distillateurs, d'après le procédé Champonnois, visités par une commission prise au sein de la société centrale d'agriculture,

10 pour 100 du poids vif pour les bêtes à l'engrais,
5 pour 100 —— pour vaches à lait,
2 pour 100 —— pour animaux d'élevage.

Cette limite paraît être le maximum, si on veut à la fois conserver la santé des animaux et obtenir de l'aliment le plus grand effet utile. (M. Baudement, rapporteur.)

Il est permis de dire maintenant d'une manière positive que les mélanges qui sont opérés dans des proportions convenables, selon la nature et la valeur alibile des substances alimentaires, avec des menues-pailles, des siliques de colza, du foin haché de prairies naturelles ou artificielles, de l'orge concassée, du tourteau de colza, doivent constituer une bonne et saine alimentation pour les jeunes sujets, les bêtes à lait, les animaux de travail et d'engrais. (*Moniteur des comices* 1859.)

Voici en quels termes M. Barral, dans son excellent ouvrage, *le bon Fermier*, décrit les manipulations à faire subir à la pulpe : « quand on se sert du procédé champonnois pour la distillation des betteraves, on mélange chaque charge de 200 kilogr. de pulpe avec 3 ou 4 fois son volume de divers fourrages secs et coupés au hache-paille, soit avec 6 à 9 hectolitres ou 46 à 69 kilogr. Toute l'eau de la pulpe est absorbée par les débris secs. Le mélange accumulé représente à la fin de la journée un volume total de 70 à 80 hectolitres; il est placé dans une grande cuve en bois ou dans une case ou bassin en maçonnerie. La fermentation s'établit promptement dans la masse ; tout le fourrage s'hydrate et s'amollit, la température s'élève : la matière prend un goût vineux agréable, une odeur aromatique légèrement alcoolisée. Au bout de 24 à 36 heures, les réactions spontanées qui se sont produites ont amené le mélange au degré le plus convenable pour l'alimentation des bœufs d'engrais, des vaches, des moutons, etc. Il est bon que chaque tête de gros bétail reçoive, outre sa ration en pulpe mélangée, 1 kilog à 2 kilog. de tourteau de graines oléagineuses ou l'équivalent en foin, en céréales ou en graines diverses, afin d'éviter l'inconvénient de relâcher les animaux, que présente la nourriture à la pulpe seule. Les doses s'élèvent pour les bœufs jusqu'à 100 kilogrammes de pulpe ; pour les porcs jusqu'à 15; pour les moutons jusqu'à 12. Il est bien entendu qu'il entre en outre dans les rations des fourrages mélangés dont le poids doit être le huitième de la pulpe. Pour les moutons, il faut augmenter un peu la proportion des fourrages hachés, mélangés à la pulpe des distilleries champonnois. »

On peut conserver la pulpe de betteraves en mettant, bien pressé dans des silos, le mélange tout fait. Le silo doit être recouvert d'une bonne couche d'argile pour empêcher le contact de l'air.

Ainsi, il résulte des opinions d'hommes éminents dans la science zootechnique, que la pulpe de betteraves obtenue par le procédé Champonnois, constitue un bon aliment du quel les propriétaires d'animaux peuvent tirer un grand profit; mais quelle que soit la valeur nutritive de ce résidu, celui-ci doit être administré avec beaucoup de ménagements. S'il était distribué sans précaution, il pourrait devenir la cause de maladies graves. « Les résidus des sucreries et des distilleries ne sont pas sans danger pour les animaux qui en sont fortement nourris. » (Magne). Afin de bien établir quel est le dosage de la pulpe dans les rations, nous allons collationner quelques exemples de mélanges opérés avec succès, pour alimenter nos grands animaux domestiques.

M. Chertemps, à Rouvray (Seine-et-Marne), avant de vider les cuviers dans lesquels se trouve la pulpe, étend sur le sol un lit de menues pailles qui s'imprègnent à l'instant de l'excès d'humidité que peuvent contenir les pulpes. Celles-ci, mélangées avec 10 0|0 de leur poids de menues pailles, fourrages hachés, siliques de colza, sont données aux animaux encore chaudes et avant d'avoir fermenté. Les brebis portières reçoivent par jour 6 kilogrammes de mélange; les antenois, 6 kilogrammes, plus, en tourteau de colza, 200 grammes, paille, etc., 1 kilogramme.

A Trappes, M. Pluchet composait ainsi les rations :

Bœufs de travail : 140 kilogr. pulpes, avec 1|20e de menue paille, 5 kilog. foin, 2 kilog. tourteau d'œillette.

Bœufs à l'engrais : même ration et repos absolu.

Vaches laitières : 50 kilogr. pulpes, avec 1|20e menue paille, 7 kilogr. regain de luzerne, 2 kilogr. tourteau d'œillette.

Brebis nourrices : 8 kilogr., avec 1|20e menue paille de blé.

Moutons à l'engrais : 10 kilogr., avec menue paille de blé, plus 500 grammes de luzerne.

8

Dans le département de la Seine-Inférieure, à Gerponville, M. Dargent a parfaitement réussi à engraisser des bœufs en leur donnant : 32 kilogr. de pulpes, 1 kilogr. 500 gr. de tourteau, 1 kilogr. 500 grammes d'orge concassée et du foin.

Tous ces renseignements sont puisés dans un rapport fait par M. Baudement à la Société impériale et centrale d'Agriculture, sur les distilleries de betteraves pour la campagne 1855-1856. Ce rapport se termine par un résumé duquel nous extrayons les données suivantes, qui exposent nettement l'état de la question si intéressante de l'alimentation des animaux par la pulpe des betteraves.

Il y a à peu près unanimité parmi les cultivateurs interrogés par la commission pour reconnaître l'efficacité des pulpes associées aux fourrages divers que fournit la ferme ; il y a seulement divergence, quant à la proportion pour laquelle la pulpe doit entrer dans la ration, et quant à la valeur de la pulpe comparée à celle de la betterave crue. Certaines appréciations placent l'un des deux aliments, tantôt au-dessus, tantôt au-dessous de l'autre, tandis que d'autres admettent l'égalité absolue de valeur entre la pulpe et la betterave. Les pulpes ne doivent pas constituer seules une ration toute entière ; elles conviennent mieux aux animaux d'engrais qu'aux bêtes d'élevage.

En résumé : « On peut dire, à la louange des pulpes de betteraves, qu'elles sont une matière nutritive vraiment admirable pour accroître la valeur des autres aliments qui composent, avec elles, la ration des bestiaux. Par elles, en effet, peuvent s'utiliser les menues pailles, les pailles hachées, les fourrages de médiocre qualité, les siliques de colza. Par elles, se fabriquent de bons et riches fumiers. Par elles, enfin, se produisent à bon marche la viande et l'engrais. » (Edouard Lecouteux, ouvrage déjà cité.) »

Du vert.

Les plantes fourragères destinées à l'alimentation des animaux ne leur sont pas toujours distribuées après avoir été fanées et conservées au fenil ; elles sont aussi consommées en vert. De là ces expressions *donner le vert*, *mettre au vert*.

Mettre le bétail au vert, c'est le rapprocher de son état de nature, c'est seconder ses goûts. Qui n'a été frappé de l'avidité avec laquelle les animaux se jettent sur l'herbe en délaissant le foin ? Ce désir d'appéter une nourriture verte est si instinctif que chaque année on observe, à l'époque même où les végétaux forment l'ornement de la plaine, que le bétail ne mange plus que du bout des dents et avec une espèce de résignation forcée les fourrages secs qu'on jette dans les râteliers. Alors, plus que jamais, le cheval trempe son foin dans l'eau placée près de lui. Ne dirait-on pas vraiment qu'il veut rapprocher, autant que cela lui est possible dans les conditions où il est maintenu, ses aliments de l'état où il aurait besoin de les trouver s'il était libre de les choisir à son gré ? L'instinct auquel il obéit est le résultat d'une nécessité toute physiologique. Le corps de l'animal échauffé par la nourriture sèche, demande à être rafraîchi. Il y a aussi dans l'économie animale une surexcitation vitale déterminée par l'influence du printemps, laquelle surexcitation veut être modérée par l'usage d'aliments aqueux.

Mais, quel que soit le désir de prendre le vert, manifesté par les animaux, on ne saurait toujours le satisfaire. Les circonstances atmosphériques si variables chaque année ne permettent pas d'assigner invariablement la date où l'on doive faire succéder l'administration du vert à la nourriture sèche. Cette époque varie, en France, de 20 à 30 jours, suivant qu'on habite le midi ou la région du nord ; elle varie plus encore suivant l'élévation des lieux et selon, surtout, que la végétation est plus ou moins précoce. Toutefois, la saison la plus favorable pour le régime du vert est, en moyenne, le milieu du printemps, c'est-à-dire, dans les pays tempérés, vers les derniers jours de mai ou les premiers jours du mois de juin. Il faut, en un mot, choisir le moment où le plus grand nombre des plantes se trouve en fleur; la végétation se préparant alors à la formation des graines commence à faire circuler dans les tiges et les feuilles la plus grande abondance de sucs nutritifs.

Le régime du vert est avantageux pour tous les animaux demeurés à l'état libre; mais pour ceux soumis aux lois de la domesticité, pour ceux qui ne peuvent qu'accepter la manière de vivre qui leur est imposée par l'homme, leur maître, la mise au vert n'est pas toujours favorable à l'entretien de leur santé. Toutefois, avant de chercher à connaître quelles sont les indications et les contre-indications du vert pour les animaux, étudions d'une manière générale les effets produits chez ceux-ci par ce régime alimentaire.

Les plantes vertes contiennent entre leurs mailles une grande quantité d'eau de végétation; elles nourrissent peu sous un gros volume. Il faut donc que le bétail en consomme beaucoup pour se substanter autant qu'avec sa ration ordinaire de sec. Aussi voit-on, sous l'influence d'un tel régime, le ventre prendre du développement. Dès les premiers jours l'économie entière est le siége d'une excitation légère qui se traduit par des signes extérieurs bien apparents. L'animal est plus gai, ses mouvements sont plus vifs, l'œil lui-même a plus d'expression; puis les excréments solides se ramollissent, changent de couleur; la fréquence de leurs expulsions augmente, les urines plus souvent rejetées sont abondantes et claires. Tels sont les signes qu'un œil observateur remarque chez les animaux auxquels le vert a été distribué pendant quelques jours. Plus tard les déjections solides prennent de la consistance, les urines s'épaississent, l'embonpoint de l'animal augmente; la gaité et l'agilité sont conservées. Les effets salutaires du vert se traduisent aussi dans l'habitude extérieure de l'animal. Ainsi, la robe est lisse, les poils fins et couchés recouvrent une peau souple et détachée des tissus sous-jacents, la mue s'effectue avec facilité; la transpiration cutanée est abondante. Avec le régime du vert les fonctions digestives sont d'un jeu facile; l'embonpoint s'accroît, les vaisseaux sanguins s'emplissent, toute l'économie enfin est dans un parfait état de santé. Ces phénomènes physiologiques s'accomplissent chez les animaux auxquels le régime du vert convient. Quelquefois les effets du vert ne sont pas aussi avantageux; le relâchement du corps consécutif aux premières influences du vert se change en diarrhée continue; les intestins se vident au fur et à mesure que l'animal se nourrit, le ventre se creuse au lieu de prendre du développement; l'appétit diminue, la digestion se faisant mal et lentement, il survient des coliques légères qui tourmentent les animaux, quelquefois encore l'abdomen se météorise, se ballonne après le repas.

L'action variable déterminée dans l'économie animale par l'administration de la nourriture verte, oblige à rechercher dans quelles circonstances le régime du vert peut être adopté avec avantage, et quelles sont les dispositions qui doivent en faire rejeter l'usage. Le vert, dit avec beaucoup de raison M. Magne, peut être nécessaire à des animaux qui ne présentent aucun signe de maladie, aux jeunes chevaux qui sont soumis depuis peu de temps au travail et au régime sec, aux vieux qui reçoivent des substances échauffantes, beaucoup d'avoine, et qui sont irritables, qui ont le ventre lévretté, les boyaux étroits, et qui se nourrissent mal. Dans tous ces cas il raffermit la santé. On donne encore le vert avec avantage aux animaux qui ont été soumis à des travaux durs et pénibles; à ceux qui, sous l'influence d'une nourriture sèche composée d'aliments de qualité médiocre ou mauvaise, ont les organes digestifs fatigués, irrités; à ceux dont la peau sèche, adhérente aux parties sous-jacentes, est garnie de poils ternes, longs, piqués, semble accuser un malaise dans les fonctions intérieures du corps ; enfin on se trouve bien de mettre au vert les bêtes atteintes de maladies de la peau, telles que la gale et les dartres. Le vert, dans de pareilles circonstances, augmente l'exhalation de la peau, rend cette membrane souple, fait tomber le poil et disparaître les croûtes et les boutons. Soumis au régime du vert, les chevaux poussifs prennent souvent et après de copieuses évacuations, une respiration plus libre, une haleine plus étendue, d'où résulte, rarement sans doute un effet curatif, mais parfois une amélioration palliative qui soulage pendant quelque temps l'animal de la gêne qu'il éprouvait dans ses mouvements respiratoires. On soumet enfin à la nourriture verte les chevaux dégoûtés, ceux qui relèvent de maladies aigués, inflammatoires. Habitués à un régime alimentaire sec et substantiel, les vieux chevaux ne se trouvent pas bien d'être mis au vert; ce même régime est contraire aux animaux atteints d'anciennes maladies de poitrine ou de gourmes mal guéries; il nuit également aux sujets doués d'une constitution faible, à ceux dont le ventre est relâché ou chez lesquels les diarrhées sont fréquentes. Les chevaux de poste, de messageries, ceux enfin qui sont appelés à supporter des travaux pénibles, ne doivent pas recevoir d'aliments verts. Ces animaux ont besoin de force, de vigueur, et le vert les débiliterait, les rendrait mous et faibles.

Alors qu'après avoir pesé les diverses considérations que nous venons d'exposer, on a résolu de mettre un animal au vert, il est encore certaines précautions à prendre. Tout changement brusque apporté dans le régime alimentaire des herbivores peut avoir des conséquences fâcheuses; et les inconvénients à redouter sont d'autant plus communs que l'animal, aimant à recevoir des aliments verts, les consomme avec avidité. La transition du sec au vert ne doit jamais être subite; elle demande à être ménagée. Pour cela, on mélange, dès la première distribution à l'étable, du foin ou de la paille avec l'herbe verte, en proportions à peu près égales ; on diminue graduellement la quantité de fourrage sec, de telle sorte qu'après quelques jours, il a complétement disparu de la ration. Si les animaux doivent prendre le vert au dehors, on leur distribue, avant leur sortie, une petite quantité de fourrage sec. Ainsi, et nous ne saurions trop insister sur ce point parce qu'il a une grande importance pour la conservation de la santé des animaux, il faut que la transition entre le régime alimentaire sec au régime du vert soit ménagée avec beaucoup de discernement.

On donne le vert de plusieurs manières : à l'écurie, en liberté, ou encore en suivant une méthode mixte.

A. *Du vert donné à l'écurie ou à l'étable.* — Plusieurs considérations portent à donner le vert plutôt à l'écurie ou à l'étable qu'en liberté. Cette méthode obtient la préférence quand on veut utiliser les chevaux pendant la saison même du vert ; lorsqu'aussi les plantes à consommer ont été semées dans des portions de terrain non entourées de barrages; lorsqu'enfin les instants manquent pour aller conduire le matin les animaux à la pâture et pour les ramener le soir à la ferme. L'adoption du procédé de la consommation du vert à l'écurie ou à l'étable offre certains avantages. Il est possible d'opérer rationnellement la transition des aliments secs à la nourriture verte ; on sait mieux quelle quantité le bétail consomme ; les repas peuvent être augmentés ou diminués, selon les besoins. Sans doute, l'administration du vert à l'écurie occasionne des frais de main-d'œuvre, elle fait perdre du temps ; mais, d'un autre côté, elle permet de se servir des animaux et de les bien gouverner.

L'attention doit être fixée aussi sur l'état où se trouvent les plantes vertes. Celles-ci sont dans de bonnes conditions pour fermenter et déterminer des indigestions gazeuses, si elles sont données d'une manière irrationnelle. On évitera surtout de les laisser exposées au soleil après qu'elles ont été coupées, car elles se flétrissent et s'échauffent. Le vert ne séjournera même en tas et à l'ombre au-delà de quelques heures. On a cru pendant longtemps, à tort, écrit M. Sanson dans *le Livre de la ferme*, qu'il fallait laisser les plantes vertes se ressuyer un peu lorsqu'elles étaient couvertes de rosées. Il vaudrait, au contraire, mieux les arroser avec de l'eau lorsqu'elles ont subi l'action des rayons solaires. M. Reynal a démontré, par des expériences très-concluantes, que c'est là le meilleur moyen de prévenir les accidents causés par les fourrages verts, notamment par la luzerne, en même temps qu'il a rattaché ces accidents à leur véritable cause, à savoir la fermentation plus facile des fourrages sucrés dans les organes digestifs, amenée par leur échauffement préalable. L'enseignement à tirer de ces faits est bien simple : c'est que les fourrages verts ne doivent être coupés qu'en quantité précisément suffisante pour une journée de consommation, et être conservés durant ce temps dans un local aéré, en couche peu épaisse et bien à l'abri des rayons du soleil. Mieux vaut encore, lorsque le champ se trouve à proximité de l'exploitation agricole, les couper au moment même de les distribuer.

La ration de vert, nécessaire à chaque animal, est variable selon ses besoins, selon sa taille, l'état et la nature des fourrages. M. Magne estime que les grands herbivores doivent en consommer par jour de 25 à 50 kilogrammes. Nous parlerons, au reste, avec détails, de la quantité de vert qu'il convient de donner aux individus.

On ne saurait trop recommander aux propriétaires, non seulement de ne pas retrancher de la ration d'avoine pendant que leurs chevaux sont au vert, mais aussi de l'augmenter, surtout s'ils exigent du travail de leurs animaux. Les chevaux devraient-ils même rester au repos pendant la saison du vert qu'il y aurait encore indication d'agir ainsi, car, à part les propriétés toniques particulières de l'avoine, il n'est pas possible de faire consommer en une seule journée, sous forme de fourrage vert, l'équivalent d'une ration complète.

Le temps pendant lequel il convient de donner le vert à l'écurie ou à l'étable ne saurait être fixé d'une manière invariable. Pour en continuer l'usage, on se base sur les effets qu'il produit. En moyenne, cependant, la saison n'est que de quinze jours à six semaines ; le plus souvent de vingt-cinq jours. Mais pour les bêtes bovines qui ne quittent pas leurs étables, ainsi que cela a lieu aux environs des grandes villes, cette saison dure tant que l'on peut se procurer des végétaux verts.

B. *Du vert en liberté.* — On fait prendre aux animaux en liberté l'herbe des pâturages et celle des prairies permanentes ; toutefois cette liberté est complète ou bien encore limitée ; dans ce dernier cas, le parcours n'a lieu que dans un certain rayon.

Les chevaux laissés libres sur les pâturages se donnent de l'exercice ; ils respirent un air pur et reçoivent l'influence favorable de la lumière. Quelques jours avant de leur accorder cette liberté qu'ils aiment tant, il faut avoir la précaution de les amener insensiblement à l'écurie à consommer le vert. On n'a plus à redouter alors les inconvénients du changement de régime. Une précaution qui n'est pas non plus à négliger, c'est de les déferrer, surtout des pieds postérieurs, pour que les accidents dans les ruades soient moins graves, et pour que les extrémités des membres se trouvent mieux à l'aise. Les chevaux ainsi que les bêtes bovines laissés en liberté sur les pâturages ou prairies ne rentrent pas à l'étable durant la nuit ; ils ont quitté leurs habitations pour n'y revenir qu'après la saison du vert, quels que soient les changements qui arrivent dans l'état de l'atmosphère. Des hangars, grossièrement établis dans les herbages, sont les seuls abris sous lesquels ils peuvent se retirer pendant les jours de pluie et aussi pendant les orages. Les propriétaires soigneux ont la précaution de faire présenter, deux fois par jour, le matin et le soir, de l'avoine aux jeunes chevaux et à ceux qu'ils vont chercher dans la prairie pour les utiliser aussitôt que la besogne le commande.

Quant aux bêtes bovines, qu'elles soient entretenues comme laitières ou qu'elles soient destinées à l'engraissement, elles restent dans les herbages pendant tout le temps que les pâturages leur fournissent de la nourriture en quantité suffisante. On y fait la traite des vaches; les bœufs en sortent pour être conduits soit directement aux abattoirs, soit sur les marchés d'approvisionnement.

Donner le vert *au piquet*, c'est conduire l'animal sur un pâturage ou dans une prairie en lui assignant un certain parcours dont l'étendue est limitée par un lien fixé à un pieu enfoncé en terre, de telle sorte que ce lien devient un véritable rayon du cercle que l'animal peut seulement parcourir.

Parmi les différents systèmes adoptés pour tenir les chevaux au piquet, voici celui décrit par M. Eug. Gayot, dans son ouvrage sur *la connaissance générale du cheval :* ce procédé est particulièrement adopté dans les cantons producteurs du Pas-de-Calais, siége de la forte race boulonnaise : on fiche en terre un piquet en fer à mailles tournantes et portant des chaînes en fer également au nombre de six à dix, selon que la surface a plus d'étendue ou que le nombre des juments est plus considérable. Les chaînes longues de 3 mètres sont assez pesantes pour n'être jamais tendues, pour reposer toujours sur le sol; elles sont pourvues de tourillons qui les maintiennent isolées et qui en empêchent tout mélange. La chaîne se continue par une corde de 8 mètres, terminée par une entrave en cuir; celle-ci est fixée au paturon postérieur gauche de la poulinière. Tout en laissant une certaine liberté aux animaux qu'on y soumet, ce mode d'attache ne leur permet pas d'aller au-delà d'un certain rayon ; mais il est mobile et se déplace suivant le besoin quand l'espace pâturé n'offre plus rien à la dépaissance des mères.

Dans la plaine de Caen, cette manière de tenir le cheval au piquet a été modifiée. Voici le système adopté : il consiste en un piquet en bois, long de 30 à 35 centimètres, en une *tignette* ou anneau oblong ou carré en fer dans lequel passent deux clous tournants formant anneau en dehors de ce qu'on a appelé tignette ; à chacun de ces derniers anneaux vient s'attacher une corde ; l'une d'elles va se fixer au piquet, l'autre au licol dont la tête du cheval est coiffée. La corde peut être remplacée par une petite chaîne légère en fer. Grâce aux clous qui tournent librement dans la tignette, les cordes ne sauraient jamais ni se tordre ni se mêler, si multipliées que soient d'ailleurs les marches et les contre-marches de l'animal. Dans toute sa longueur l'attache mesure de 6 à 7 mètres ; de la sorte, chaque cheval se tenant au bout de sa longe a un cercle de 13 mètres de diamètre environ à parcourir quand il sent le besoin de se donner de l'air et du mouvement, de prendre un exercice salutaire.

Si nous avons emprunté des détails aussi circonstanciés sur les procédés à employer pour tenir les chevaux au piquet pendant la saison du vert, à M. Gayot, c'est pour bien établir qu'il est possible de remplacer par des moyens rationnels les procédés barbares desquels on se sert encore aujourd'hui dans certaines contrées de la France et parmi lesquels nous signalerons le rapprochement des deux membres antérieurs par des entraves de fer unies à l'aide d'une chaîne très-courte, ou l'union des deux jambes d'un même côté au moyen d'un entravon placé autour du paturon gauche antérieur et d'une corde qui vient se fixer au-dessus du jarrêt du même côté.

C. *Du système mixte.* — Les animaux prennent aussi le vert partie dans les pâturages et partie à l'écurie. Cette méthode offre pour avantages de permettre de bien surveiller les besoins des animaux ; on les rationne à leur rentrée à l'étable suivant qu'ils ont le ventre plus ou moins plein ; on les soustrait aux effets quelquefois malfaisants des nuits fraîches ou pluvieuses ; il est possible encore de mieux leur distribuer l'avoine. Avec le système mixte on recueille les avantages du système dit en liberté et ceux du procédé de l'administration du vert à l'écurie.

Nous avons précédemment recommandé de prendre certaines précautions pour amener graduellement les animaux au régime du vert sans qu'on ait à redouter d'accidents ; nous ferons la même observation pour remettre le bétail à la nourriture sèche. L'économie animale se trouve toujours mal des transitions subites. De même qu'on amène peu à peu les bêtes à consommer les aliments verts, de même aussi il faut les ramener insensiblement aux fourrages secs. Pour cela, on agit en mélangeant d'abord au vert une petite quantité de sec ; on augmente peu à peu celle-ci en diminuant l'autre de telle sorte que le régime alimentaire se trouve changé sans que l'animal éprouve de malaise.

Jusqu'à présent, nous nous sommes occupés de connaître les effets favorables du vert sur l'économie animale et les procédés d'administration de cette nourriture ; nous allons maintenant rechercher quels sont les soins dont peut avoir besoin le bétail entretenu avec des végétaux consommés en vert. Dans notre région on a l'habitude de faire pratiquer une saignée aux animaux que l'on veut mettre au vert ou à ceux qui en mangent depuis quelque temps, ou bien encore à ceux qu'on remet au régime sec. C'est un parti pris, c'est une vieille habitude qu'on aurait mauvaise grâce à combattre. Assurément, la saignée est souvent nécessaire chez les chevaux qui mangent du vert, mais elle ne l'est pas toujours ; son opportunité se reconnaît à certains signes que nous allons énumérer. Lorsque sous l'influence de ce régime on remarque que l'animal prend de l'embonpoint, que le pouls est fort, que l'artère est pleine et la tête lourde ; si en même temps la conjonctive, c'est-à-dire la membrane muqueuse qui revêt la face interne des paupières, est parcourue par une multitude de petits vaisseaux pleins de sang qui lui font revêtir une couleur rouge bien prononcée ; si aussi ces vaisseaux superficiels sont gros, apparents, signes de la pléthore, alors la saignée est utile, indispensable même ; mais en l'absence de ces symptômes extérieurs, l'opération n'a pas sa raison d'être. En un mot, ce n'est pas sur l'autorité de la routine ou des préjugés que le propriétaire intelligent doit se baser pour décider des soins dont ont besoin ses animaux mis au vert, mais c'est sur l'observation des signes extérieurs qui traduisent les effets physiologiques de cette nourriture.

Après ces considérations générales sur le vert, nous croyons encore, avant de clore ce chapitre, avoir à entrer dans quelques détails relativement aux rations à distribuer à nos différentes espèces animales.

Espèce chevaline.

La ration d'aliments verts chez les animaux de l'espèce chevaline est basée sur les besoins, la taille des individus; on prend aussi en considération, pour la fixer, l'état et la nature des plantes. Ainsi, certains se contentent de 25 à 30 kilogrammes ; il en est d'autres, plus affamés, qui en consomment jusqu'à 50 et même 60 kilogrammes.

Espèce bovine.

Les animaux bovins destinés à l'engraissement ne s'auraient être rationnés; la nourriture verte leur est présentée à discrétion, et leur appétit est le seul guide. Mais ceux qui travaillent doivent être autrement gouvernés. On estime qu'en vingt-quatre heures ils ont assez de 60 à 65 kilogrammes, encore cette ration est-elle trop abondante; il est mieux de la réduire à 30 ou 40 kilogrammes auxquels on ajoute de 4 à 8 kilogrammes de foin.

Pour les vaches à lait, les aliments verts sont utiles; chez les femelles soumises à ce régime, la sécrétion des mamelles augmente et la rente en lait est abondante. 32 ou 33 kilogrammes de trèfle vert donnent, assure-t-on, autant de lait que 10 ou 12 kilogrammes de foin.

Espèce ovine.

Le mouton prend le vert en liberté aussitôt et aussi longtemps que les circonstances atmosphériques le permettent.

D'après des expériences, il est permis de conclure que les moutons de taille moyenne et des poids de 40 à 50 kilogrammes consomment par jour de 4 à 5 kilogrammes d'herbe au pâturage, lorsqu'ils satisfont complétement leur appétit, soit de 1,500 à 1,800 kilogrammes par an ou 400 à 500 kilogrammes en équivalent de foin sec. Ce qu'il importe dans le régime vert des bêtes ovines, c'est que celles-ci trouvent de l'herbe en quantité suffisante et de bonne qualité.

Quant aux plantes qui doivent être consommées en vert, elles sont nombreuses et variables suivant les localités et suivant aussi les systèmes de culture adoptés. Qu'il nous suffise donc de rappeler qu'à l'écurie le cheval se trouve bien du trèfle incarnat, du seigle, de l'orge et du maïs ; certains auteurs recommandent l'usage des fanes de pois verts qui sont très-recherchés et constituent un fourrage agréable.

Chez les femelles de l'espèce bovine entretenues pour la production du lait, la nourriture verte a une grande influence. Elle détermine des modifications non-seulement dans les propriétés physiques du liquide secrété par les mamelles, mais aussi dans sa quantité et dans ses qualités, de telle sorte qu'en variant les aliments des vaches laitières on arrive à donner au lait des qualités diverses. Dans un ouvrage intitulé : *Etude botanique sur le lait* (1856), M. Hippolyte Rodin, de Beauvais, s'est occupé, avec beaucoup de talent, de rechercher l'action des végétaux sur le liquide fourni par les glandes propres aux femelles des mammifères. Nous allons extraire de cet écrit des renseignements sur l'influence que peuvent avoir sur le lait des vaches les plantes journellement employées en vert dans la ration des femelles bovines. Nous croyons de cette manière être utile aux cultivateurs qui souvent ne peuvent se rendre compte des changements qui surviennent dans le lait qu'ils livrent au commerce.

A. *Modifications de saveur.*

Goût repoussant, nauséabond : Sauge des bois, l'herbe aux cuillers.

Goût acide : Les jeunes pousses et les feuilles de la vigne.

Goût fade : Prêle fluviatile, prêle du limon, laitue.

Goût amer : Fruits du marronnier d'Inde, petite ciguë ; fleurs du châtaignier, du chardon ; feuilles d'artichauts ; les laitrons ;

Goût alliacé : Le porreau, l'ail commun, l'ognon, les cosses de pois verts;

Goût désagréable : Fanes de pommes de terre, la moutarde sauvage; les différentes variétés de chou, navet, rave, feuilles fraîches de frêne, fleur de souci des jardins.

Goût agréable : Le sainfoin, la salicaire, le thym.

Goût fin dû aux lotiers corniculé, velu, à feuilles tenues.

B. *Modifications de couleur.*

Couleur rouge : Garance, l'herbe à l'esquinancie, prèle des marais;

Couleur bleu indigo : L'esparcette, la buglose ou orcanette, la prèle des champs, les deux mercuriales, la renouée des oiseaux, le sarrazin;

Couleur jaune : Souci des marais, safran.

C. *Modifications d'odeur.*

Odeur aromatique est généralement celle de la plante dont la vache s'est nourrie : Carotte, cerfeuil, céleri, etc.

Odeur alliacée : Plantes de la famille des liliacées et des crucifères; en plus sauge des bois, la toque, l'alliaire, l'herbe aux cuillers, le téraspic à odeur d'ail.

D. *Modifications de consistance.*

La coagulation a lieu principalement sous l'influence des plantes *acides ;* l'écorce de chêne.

Le lait *incoagulable* est fourni par les vaches qui ont été nourries de cosses de pois verts ou qui ont brouté une des différentes variétés de Menthes.

Le lait *filant* vient surtout de la grassette.

Les plantes qui rendent le lait plus *épais, plus gras, plus crémeux,* sont : le marronnier d'Inde, l'avoine, surtout l'avoine courte et celle des prés, toutes les véroniques et surtout la véronique mouron; feuilles et racines de betteraves, l'ortie dioïque, la fane du panais.

Les herbes des fonds humides rendent, en général, le lait plus *aqueux*, plus fade.

E. *Modifications de propriétés.*

Le lait est *purgatif* quand les bêtes ont brouté les feuilles du nerprun purgatif, les euphorbes, l'herbe à pauvre homme.

Le lait est *tonique* avec les plantes aromatiques ou provenant de hauts pâturages; avec le polygala commun et le troëne.

F. *Modifications de quantité et de qualité.*

Plantes *anti-laiteuses* : Les prêles, la pervenche, les laîches, les souchets, les joncs, à l'exception du jonc à crapaud et du jonc de Bothnie;

Plantes *lactifères améliorantes :* Gesses, fanes ou gousses, l'ajonc, vesces, trèfles blanc, des prés, rouge, sainfoin, les luzernés, l'orabe printannier, les robiniers, les pois, surtout les gousses de pois michaux et crochus; le pois chiche, le Melilot, la serradelle cultivée, les chardons au moment des fleurs, le grand soleil, la chicorée sauvage trop négligée en France, le pissenlit, fane des panais, des carottes, l'ortie, la spargoutte.

La famille des graminées est fourragère par excellence; nous y trouvons : l'ivraie vivace, l'ivraie d'Italie, les fléoles, les maïs, le sorgho à sucre, le roseau à balai, le roseau à quenouille; le chiendent, les pâturins, les panis, le millet, les orges, surtout l'escourgeon, les seigles et enfin les herbes des prairies élevées.

Tel est sommairement le catalogue des plantes citées par M. Hippolyte Rodin comme ayant de l'influence sur les qualités et la quantité du lait des femelles bovines. Nous n'avons pas reculé devant cet exposé parce que nous tenions à faire connaître aux cultivateurs les noms des végétaux dont l'usage, dans une certaine proportion sans doute, peut modifier soit physiquement, soit sous le rapport du rendement le produit de la sécrétion mammaire de leurs vaches ; nous avons voulu les mettre en garde contre l'emploi de certaines plantes et les engager à choisir parmi la nomenclature des végétaux-lactifères-améliorants ceux qu'ils sont en position de cultiver sur leurs terres. Nous aimons à espérer qu'en raison de l'utilité que doit avoir pour eux cet exposé, ils nous pardonneront ce qu'il peut présenter d'aridité et de monotonie.

SECTION HUITIÈME.

Des condiments. — Du sel.

Il est quelquefois nécessaire pour faire consommer, par les animaux, certaines substances alimentaires d'en masquer l'odeur et la saveur ; d'autres fois le propriétaire se trouve dans l'obligation de faire usage pour les bestiaux de son exploitation d'aliments légèrement altérés. Dans ces différentes circonstances on ajoute à la nourriture des ingrédients, appelés *condiments*, qui l'assaisonnent, la rendent plus sapide et aussi plus digestible.

De tous les condiments employés en hygiène vétérinaire, le plus généralement choisi et le seul duquel nous nous occuperons est assurément le sel marin ou le sel gemme non pas amené à l'état de pureté comme celui que l'homme trouve sur sa table, mais renfermant encore des sels calcaires qui conservent sa couleur grisâtre et augmentent sa saveur salée.

Emploi du sel dans l'alimentation des animaux domestiques.

La question de l'utilité du sel dans l'alimentation de nos espèces animales domestiques a depuis longtemps occupé les économistes et les agronomes. L'usage de ce condiment paraît remonter aux temps les plus anciens de l'histoire du genre humain ; il en est question dans les œuvres d'Homère et dans les livres de Moïse. En 1793, Flandrin, professeur à l'école d'Alfort, s'est sérieusement attaché à compulser, à coordonner tous les documents publiés avant lui sur l'usage économique du sel marin ou sel de cuisine dans l'alimentation des animaux domestiques. Ce travail a conduit son auteur à reconnaître que jusqu'alors on n'avait eu que des données générales sur les effets physiologiques du sel administré aux animaux que nous avons soumis à nos lois, mais que cependant on était d'accord sur les effets salutaires produits par ce condiment sur plusieurs d'entre eux. Ainsi la question d'opportunité et d'utilité du sel ajouté à la ration du bétail n'était pas complétement élucidée à l'époque à laquelle Flandrin écrivait son Mémoire ; il était besoin encore de tenter de nouvelles expériences et de se livrer à de nouvelles observations. Ces expériences ont eu lieu depuis la fin du siècle dernier; des observations sérieuses ont été recueillies, mais les résultats auxquels on est arrivé ont souvent varié. Des opinions différentes, émanées d'hommes très-recommandables par leurs connaissances, ont été émises et sur l'utilité et sur les inconvénients du sel dans l'alimentation de nos animaux. M. Boussingault, d'une part, s'est occupé d'élucider expérimentalement la question; d'un autre côté, M. Barral, avec le talent qui le caractérise, a traité *in extenso*, dans le *Journal d'Agriculture pratique*, années 1848 et 1849, des effets produits par l'emploi du sel dans l'alimentation de nos animaux.

Nous ne saurions mieux faire que de renvoyer aux travaux de ces deux savants, les lecteurs qui voudront étudier avec détails cette intéressante question. Pour nous, nous ne devons considérer le sel que sous un seul point de vue, comme condiment, c'est-à-dire comme substance qu'on ajoute à la nourriture des espèces animales pour l'assaisonner, pour la rendre plus sapide et d'une digestibilité plus facile.

Considérée d'une manière générale, l'administration du sel marin mêlé aux aliments offre de notables avantages. Sous son influence le travail de l'estomac est facile; la peau acquiert de la souplesse, se détache plus facilement des parties sous-jacentes; la robe devient brillante, le poil est lustré; les mouvements sont vifs, la physionomie de l'animal prend de l'expression; enfin les jeunes chevaux qui changent de pays par suite des transactions commerciales n'éprouvent ni inappétence ni dégoût.

Le sel introduit dans l'économie animale par les voies digestives traduit donc ses bons effets par les signes extérieurs que nous venons de relater; examinons maintenant de quelle utilité est l'usage de ce condiment suivant les conditions dans lesquelles le bétail se trouve placé, suivant aussi les services ou les produits que nous exigeons de lui.

Il est un principe reconnu en hygiène vétérinaire, c'est que le sel, à une dose encore indéterminée peut-être, est indispensable à la nutrition. Les aliments solides et liquides qui forment la base de la nourriture en contiennent en plus ou moins grande quantité. Souvent celle-ci suffit aux besoins de l'économie ; mais il arrive aussi qu'elle est moindre que cela est nécessaire. C'est dans cette dernière circonstance que l'usage du sel est opportun. Une judicieuse observation de la nature du sol sur lequel les denrées alimentaires ont été récoltées, la composition raisonnée et variée des rations peuvent éclairer sur l'opportunité de l'emploi de ce condiment.

Le sel marin, ajouté en petite quantité aux fourrages, donne des résultats salutaires. Son action est surtout avantageuse lorsque ces fourrages sont nouveaux, ou bien quand ils n'ont qu'une qualité inférieure, ou encore s'ils sont avariés. Probablement qu'en de telles circonstances le sel excite l'appétit et rend les animaux moins difficiles sur le choix des aliments ; peut-être aussi donne-t-il à l'estomac une force organique pour travailler mieux qu'il eut pu le faire dans l'état ordinaire la nourriture avariée, ou fournit-il enfin aux aliments un principe nécessaire à l'accomplissement de la nutrition. On admet, dit M. Isidore Pierre, que l'emploi du sel puisse être avantageux lorsqu'il s'agit d'aliments végétaux qui, comme les pulpes de pommes de terre ou de betteraves et la drèche provenant des brasseries, ont pu perdre, par l'espèce de lavage auquel on les a soumis, une partie notable des principes salins qu'ils contenaient dans leur état naturel primitif. C'est sans doute, ajoute le même auteur, pour suppléer à cette déperdition que beaucoup de nourrisseurs ajoutent du sel aux rations quotidiennes de leurs bêtes laitières, principalement quand ils leur servent des aliments cuits de la nature de ceux dont nous venons de parler.

En France, l'action dynamique du sel marin est réputée tonique, stimulante, excitante. On donne la dénomination de tonique aux substances qui jouissent de la propriété de nourrir les organes, d'entretenir leur vigueur, leur énergie et partant l'intégrité de leurs fonctions ; sont réputés stimulants et excitants les agents médicamenteux qui aiguillonnent les organes, augmentent leur vitalité, font abonder le sang dans leur tissu et accroissent la chaleur animale. En attribuant au sel de telles propriétés, il n'est pas étonnant qu'on admette que son administration convient aux mâles employés à la reproduction de leurs espèces. Toute l'économie est excitée sous l'action du sel ; l'orgasme génital et les désirs de rapprochement des sexes sont sans cesse tenus en éveil. Aristote remarque que les brebis qui font usage de l'eau salée deviennent plutôt en chaleur que d'autres ; mais elles sont en même temps plus ardentes, elles ont les mamelles plus distendues et elles sont plus abondantes en lait.

Les femelles pleines, comme aussi celles qui nourrissent, ont besoin de trouver dans leurs aliments des substances toniques et stimulantes. Chez elles, l'appétit ne saurait diminuer sans que le fœtus qu'elles portent n'en ressente de fâcheux effets. Plus la mère consomme dans ses rations, plus le petit trouve dans ses organes les éléments de formation. Sous l'influence d'un régime alimentaire abondant, la sécrétion des mamelles augmente et la mère-nourrice est plus apte à suffire aux besoins de sa progéniture.

Est-il parvenu à un âge un peu plus avancé? Le jeune sujet a surtout besoin de faire pénétrer dans ses organes les sels calcaires ; bases de la charpente osseuse sur laquelle viendront ensuite se développer et prendre appui les masses charnues qui accusent les formes et transmettent la puissance d'action.

Le sel est-il d'un usage avantageux dans l'engraissement des animaux domestiques? Il en a été de l'explication des effets du sel marin sur l'économie animale comme des raisonnements énoncés sur beaucoup d'autres substances, c'est-à-dire qu'on en a trop vanté les avantages, qu'on les a même exaltés. Ainsi des agronomes ont été jusqu'à prétendre que chez les animaux soumis au régime de l'engraissement, chaque kilogramme de sel produit 8 ou 10 kilogrammes de viande ou de graisse. Si cette assertion n'était pas sujette à réfutation, quel profit on pourrait obtenir à peu de frais? Laissons de côté ces opinions exagérées et demandons aux hommes sérieux une solution à la question que nous venons d'énoncer. M. Milne Edwards dit, dans un remarquable rapport rédigé par ordre du gouvernement français, qu'il a été fait en Europe et en Angleterre beaucoup d'expériences au sujet de l'emploi du sel dans l'engraissement du bétail, et il en est résulté qu'on n'a rien observé de particulier ni dans la quantité d'aliments consommés dans un temps donné ni dans la rapidité avec laquelle augmentait le poids des animaux. Les expériences auxquelles s'est livré M. le baron Daurier en 1847, sur l'emploi du sel pour l'amendement des terres et l'engraissement du bétail, l'ont conduit au même résultat. M. Moll, au contraire, assure que le sel est considéré en Allemagne, par suite d'une longue expérience, non seulement comme favorisant beaucoup l'engraissement, mais comme améliorant les qualités de la viande. M. Lequin a fait des expériences qui paraissent être favorables à l'usage du sel. Que doit-on penser en présence d'avis aussi opposés, émis par des hommes haut placés dans le monde scientifique, si ce n'est que la question de l'opportunité, ou mieux de l'avantage de l'emploi du sel ajouté aux aliments des animaux soumis au régime de l'engraissement, n'est pas encore expérimentalement résolue? Le raisonnement physiologique conduit néanmoins à admettre que si l'action du sel n'est pas productive par l'assimilation même de ce composé chimique par les organes, elle contribue indirectement à l'engraissement. Rappelons-nous qu'en France le sel semble être doué de propriétés toniques, excitantes. Au début de l'engraissement, les animaux consomment largement les fortes rations de nourriture qu'ils reçoivent; leur appétit continue pendant quelque temps, puis il diminue au fur et à mesure que l'embonpoint augmente. Ingéré dans l'estomac avec les aliments, le sel facilite l'assimilation de ceux-ci; il excite la membrane interne de l'organe; il détermine enfin une faim ou excitation factice. C'est sans doute parce que les choses se passent ainsi dans l'économie animale que le plus grand nombre des engraisseurs de tous les pays le donnent à leurs bestiaux. Au reste, Mathieu de Dombasles, dans les Annales de Roville, dit aussi que ce condiment est nécessaire à la fin de l'engraissement pour entretenir l'appétit.

Partout on semble reconnaître au sel la propriété de contribuer puissamment à conserver la santé des animaux, et surtout celle des moutons qui vivent dans des pâturages bas et humides. L'usage de ce condiment parait réellement diminuer les ravages de la maladie appelée la *cachexie aqueuse* ou *pourriture*. Cette opinion au reste remonte à une époque déjà assez éloignée de nous. Daubenton, dans son *Instruction pour les bergers*, parlant de l'usage du sel, s'exprime ainsi : « Dans les pays marécageux où les animaux sont sujets à la pourriture et aux autres maladies causées par l'eau, et dans tous les pays lorsque les bêtes à laine sont attaquées de ces maladies, le sel pourrait peut-être les en préserver ou les guérir ; il donne aux moutons de l'appétit et de la vigueur, il les réchauffe et les fait digérer, il empêche les obstructions et il fait couler les eaux superflues qui sont la cause de la plupart de leurs maladies. Le temps où il faut donner du sel aux moutons est lorsqu'ils sont languissants ou dégoutés, ce qui arrive le plus souvent dans les temps de brouillards, de pluies, de neige ou de grand froid, et lorsqu'ils n'ont que des nourritures sèches. » On lit dans le *Journal économique*, année 1771, que dans le canton de Fribourg il est usage de donner du sel aux bêtes à cornes ou à laine, et on le regarde comme un excellent préservatif contre les maladies épidémiques, qui effectivement sont devenues très-rares depuis qu'il y est établi.

En résumé, le sel commun employé comme condiment ajouté à la nourriture de nos animaux domestiques, offre de grands avantages. Son administration est d'autant plus facile que le bétail préfère et recherche avec avidité celle des substances alimentaires dans lesquelles le goût du sel domine. Ne voyons-nous pas à chaque instant les chevaux et même les grands ruminants lécher les murs imprégnés de salpêtre ou de toute autre matière salée? Il semble, dit Haller, qu'il y ait dans le sel quelque chose qui convienne à la nature animale. Nous ne faisons donc, en distribuant le sel aux animaux, que remplir un besoin que ceux-ci accusent par leurs faits et gestes.

De ce que le sel est un condiment de l'usage duquel le bétail se trouve bien, s'en suit-il qu'il faille le lui donner sans mesure? Assurément non. Il en est de ce composé chimique comme de toute autre substance salutaire, il agit avec avantage à certaine dose rationnelle et il devient tonique ou malfaisant en trop grande quantité. Examinons donc quelles sont les doses admises.

En 1847, M. Demesmay a soumis à la Chambre des Députés une proposition tendant à obtenir une réduction sur l'impôt du sel. La commission chargée d'étudier la question s'est servi, pour apprécier la consommation probable du sel pour l'alimentation du bétail, de renseignements puisés chez les nations voisines. Il en résulte qu'en Suisse, à cette époque, la ration journalière pour l'espèce bovine était portée jusqu'à 150 grammes dans les habitudes des cultivateurs aisés. Ce poids est doublé pour les animaux destinés à la boucherie.

En Angleterre cette ration est :

Pour un cheval, de	170	grammes.
— une vache à lait	114	—
— un bœuf à l'engrais	170	—
— un élève d'un an (bovin)	85	—
— un veau de six mois	28	—
— une brebis	14	—

En Allemagne elle était un peu moindre.

En Belgique, le gouvernement avait réglé la ration ainsi qu'il suit :

Pour chaque individu de l'espèce bovine..	64	grammes.
— — chevaline	32	—
— — porcine..	20	—
— — ovine...	14	—

Les nourrisseurs ajoutent généralement le sel aux rations quotidiennes de leurs bêtes laitières dans les proportions suivantes :

Pour une vache	50 à 60	grammes.
— ânesse	20	—
— chèvre	10	—

Les avis sont donc partagés sur les doses de sel qu'il convient d'ajouter aux rations de nos différentes espèces animales. Ces divergences d'opinions ne sauraient nous étonner puisque la quantité du condiment étant subordonnée à une foule de circonstances au nombre desquelles nous citerons surtout la composition même de la nourriture, la nature du sol sur lequel les végétaux ont été récoltés, le poids des animaux, etc., etc..., les quantités ne sauraient être immuablement indiquées. Voici, au reste, quelles sont, sur ce point, les opinions d'hommes qui se sont spécialement occupés de la question.

M. Barral est arrivé, après de nombreuses recherches, à reconnaître que les doses de sel à employer par jour sont de :

38 à 205 grammes, en moyenne 83, pour le cheval ;
7 à 117 grammes, pour un bœuf de 400 kilogr.;
2 à 16 grammes, pour un porc ;
1 à 7 grammes, pour un mouton.

Daubenton en voulait faire donner, tous les huit jours, 500 grammes pour 20 moutons.

M. de Gasparin, en établissant le compte d'un troupeau de moutons dans le département de Vaucluse, porte 50 kilogrammes de sel par an pour 100 bêtes.

De l'administration du sel. — On donne le sel aux animaux domestiques de deux manières : sous la forme solide ou bien dissout dans l'eau.

Sous la forme solide, le sel est aussi distribué soit en poudre ou mieux cristallisé, soit en masse brute. Le sel cristallisé ou pulvérisé se mêle avec les aliments. Si le nombre de bêtes auxquelles on le présente est grand, on évite la perte de temps qu'il faudrait dépenser pour opérer le mélange dans chacune des rations à distribuer en le dosant proportionnellement à la masse de la nourriture commune ; si, au contraire, le nombre de têtes est peu élevé, on peut mettre séparément le sel dans la quantité d'aliments destinée à chacune d'elles. Quelques auteurs conseillent aussi de donner le condiment en poudre dans des sacs ou dans des linges pendus aux murs ou placés sur des poteaux creusés supérieurement. Cette pratique est défectueuse, en ce sens que les animaux éprouvent de la difficulté à saisir le sel et les enveloppes qui le contiennent. Thaër fixait ces nouets à une corde passée dans une poulie implantée au plafond, et les abaissait deux fois par semaine.

Dans les circonstances où il est nécessaire à la santé d'un animal de lui faire prendre une certaine quantité de sel marin, on se trouve bien de faire des nouets ou billots en le mêlant avec du son ou quelque végétal en poudre. Ces billots se placent dans la bouche à l'aide d'un bridon ou d'une simple têtière fixée à un morceau de bois; l'animal mâche les nouets, il en exprime le sel à l'aide de la salive; celle-ci ne dissout le sel que successivement, en sorte qu'il se fait une grande sécrétion de cette liqueur dissolvante.

Employé en gros morceaux, à l'état brut, le sel est placé devant les animaux, dans les râteliers, par exemple, pour les chevaux et les ruminants, dans les crêches pour les moutons, de telle sorte que le bétail puisse le lécher à son aise quand il en éprouve le besoin. D'autres fois encore le morceau ou les morceaux bruts sont pendus çà et là dans la bergerie à une hauteur telle qu'ils ne gênent pas les allées et venues des bêtes ovines, tout en demeurant toutefois à la portée de celles-ci quand elles lèvent la tête. Enfin, on a conseillé d'administrer le sel en gâteaux mêlé, pétri et cuit avec de la farine. Ce moyen, bon en lui-même, a cependant l'inconvénient d'être d'un usage compliqué et dispendieux.

Beaucoup de cultivateurs, selon M. Magne, forment avec le sel pilé et du plâtre, des terres glaises, de la craie, des farines, des pommes de terre écrasées, du bois vermoulu ou d'autres substances sèches, des pâtes ou des gâteaux qu'on donne à lécher nus ou enveloppés dans un linge; d'autres fois, on écrase ces gâteaux et on les administre en poudre.

Souvent aussi on fait *dissoudre le sel dans l'eau* pour le faire prendre aux animaux. C'est sous cette forme qu'on l'utilise pour saler les aliments peu sapides et les fourrages altérés. Ce liquide, suivant M. Magne, répandu sur le foin trop mûr, sur les feuilles dures, quelques heures avant l'administration de ces fourrages, les ramollit, les rend tendres, plus recherchés du bétail et d'une digestion plus facile. Est-on obligé de faire consommer des fourrages poudreux, il faut, après les avoir préalablement secoués en dehors de l'écurie, les asperger d'eau salée. L'eau fixe la poussière qui reste sur les tiges et l'empêche de pénétrer dans les organes respiratoires lorsque les animaux tirent leurs aliments à travers les broches du râtelier.

Des documents que nous venons de relater sur les effets du sel considéré comme condiment, il ressort que l'emploi de ce composé chimique, quelle que soit sa manière d'agir sur l'économie animale, est avantageux quand la dose est rationnellement établie. Nous ne saurions trop engager les propriétaires à ne pas négliger l'adoption de ce procédé dans l'intérêt de l'hygiène de leur bétail, en les avertissant toutefois de ne pas s'éloigner des données moyennes généralement admises. A trop forte dose, en effet, le sel n'a plus de propriétés bienfaisantes, il devient, au contraire, un poison qui mine peu à peu le corps. A haute dose, le sel marin amène l'amaigrissement et le dépérissement. C'est ce qui s'observe chez les bestiaux qui, dans les voisinages de la mer, sont exposés à manger abondamment des algues marines qu'ils aiment avec passion.

D'après les expériences faites par M. Goubaux, il suffit d'une quantité de sel égale au 400me du poids du corps du chien pour le tuer en douze heures, et au 115me ou au 140me pour déterminer la mort en moins de deux heures ; ce qui revient à dire que ce résultat est produit par 60 à 80 grammes chez les chiens de moyenne taille. Pour le cheval, un 200me du poids du corps est toxique dans l'espace de douze heures.

Donné au bœuf à la dose de 1,000 à 2,000 grammes, il tue à la manière du sublimé corrosif, de l'arsenic, du plus violent poison métallique, en anéantissant les forces vitales.

Ajoutons encore que la quantité de sel à donner doit varier suivant le pays, la taille des bêtes, leur âge et les conditions du régime suivi, l'état de vacuité ou de plénitude de l'appareil digestif. On ne l'administrera pas, ou du moins à petite dose, quand les aliments récoltés sur des terrains naturellement salés en contiennent déjà ; on en donnera plus dans les circonstances contraires.

Peut-on remplacer le sel par la *saumure* pour assaisonner la nourriture des animaux ?

Cette question, pleine d'intérêt, a été expérimentalement traitée en 1855, par M. Reynal, professeur à l'école d'Alfort. Avant cette époque, personne encore en France n'avait parlé des propriétés toxiques de la saumure. Les premières observations sur ce sujet ont été publiées en Allemagne, et les propriétés vénéneuses de ce produit ont été observées sur le porc, sur les chevaux, sur les grands et sur les petits ruminants. M. Raynal est arrivé aux conclusions suivantes :

1° Que la saumure, trois ou quatre mois après sa préparation, contracte des propriétés toxiques ;

2° Qu'en moyenne, à la dose de 2 à 3 litres pour le cheval, de 1|2 à 1 litre pour le porc, et de 1 à 2 décilitres pour le chien, la saumure produit l'empoisonnement ;

3° Qu'à des doses moins élevées, elle provoque le vomissement chez le chien et le porc ;

4° Que l'emploi de cette substance, mélangée aux aliments, continué pendant quelque temps, même en petite quantité, peut occasionner la mort.

Ces conclusions, auxquelles est arrivé M. Reynal, à la suite d'une série de minutieuses expériences, indiquent assez la réserve qu'on doit apporter dans l'emploi de la saumure comme condiment.

SECTION NEUVIÈME.

Des Boissons.

L'étude de l'eau, seul liquide employé pour apaiser la soif des animaux domestiques, n'est pas moins importante que celle des aliments solides. S'il est permis à l'homme de choisir sa boisson, de la varier selon ses besoins et souvent aussi suivant ses caprices et ses penchants, l'animal est forcé de consommer celle qu'on lui présente ou qu'il trouve sur sa route. Le phénomène physiologique qui porte l'être vivant à ingérer dans ses voies digestives des aliments liquides est trop impérieux pour que la qualité de la boisson soit de peu d'importance.

Afin de bien comprendre quel intérêt nous avons à ne donner aux animaux que de l'eau de bonne qualité, étudions quelle est l'influence de ce liquide sur l'économie animale. Introduite dans le corps par les voies digestives, l'eau se trouve promptement absorbée; elle sert de véhicule ou de dissolvant aux matières organiques ou minérales qui concourent à la formation des organes chargés de l'accomplissement des fonctions; elle entraîne aussi au dehors, sous forme d'émonctoire naturel, les matériaux devenus inutiles. L'eau est donc indispensable à l'entretien des fonctions; elle doit être placée au premier rang des agents hygiéniques à côté de l'air. De ce que les boissons, une fois ingurgitées, parcourent toutes les parties du corps, n'est-il pas rationnel d'admettre qu'elles ont des influences sur la conservation de la santé, variables avec leur composition, et que les altérations dont elles peuvent être atteintes sont capables de déterminer, chez les animaux qui les consomment, des désordres graves caractérisés par des maladies. C'est donc avec raison que, dès la plus haute antiquité, les médecins de l'homme et les zooïatres ont attribué à l'eau malsaine les apparitions d'épidémies et d'épizooties meurtrières.

De là, pour nous, l'obligation de savoir reconnaître à quels caractères l'eau peut être considérée comme bonne et salutaire.

Pour être bonne, l'eau doit être potable, c'est-à-dire qu'elle doit posséder certaines qualités. Dans la composition de ce liquide se rencontrent des éléments accidentels volatiles ou fixes. Les premiers sont ordinairement l'air atmosphérique que nous respirons, et du gaz acide carbonique ; les seconds comprennent des substances salines à base de soude, de chaux, de magnésie, et de plus des corps organiques en proportions variables.

L'air donne à l'eau une des qualités qui la rendent potable, et on regarde comme mauvaise et nuisible à la santé celle qui n'en contient que peu ou pas. « Plus une eau est saturée d'air, plus, toutes choses égales d'ailleurs, elle paraît agréable et se trouve propre à la digestion des aliments (Guibourt). » On s'explique ainsi que l'eau distillée, celle qui ne contient pas d'air, est indigeste ; il en est de même de celle qui a bouilli pendant quelque temps après son refroidissement, parce que les gaz se sont dégagés en totalité ou du moins en grande partie par l'effet de l'ébullition. L'eau attiédie par le soleil, et par conséquent déaérée, constitue une boisson difficile à digérer.

Bien qu'une eau soit limpide et pure, elle peut cependant renfermer des sels en assez grande quantité. « Les eaux réputées les meilleures pour servir de boissons, tiennent en dissolution une faible quantité de sel marin et de carbonate de chaux. Ces deux sels, dans les proportions où ils existent ordinairement dans les eaux douces, doivent être considérés comme essentiellement utiles (Dr Jeannel). » Les sels de l'eau potable sont, à l'exception d'un seul (sulfate de chaux), des éléments constitutifs du corps et se retrouvent dans la presque totalité des aliments les plus usuels.

Des matières organiques, avons-nous dit précédemment, se rencontrent dans l'eau potable. Ces matières, qui le plus ordinairement appartiennent au règne végétal, s'y trouvent en légère proportion. Tant qu'elles y restent dans certaines limites, ces matières sont sans effets nuisibles pour la santé; mais en grande quantité, elles peuvent être nuisibles, quelquefois même funestes.

En égard à leur température, les eaux, en tant qu'elles sont considérées comme boissons, jouissent de propriétés différentes. « Les meilleures eaux, dit Hippocrate, sont chaudes en hiver et froides en été. » En thèse générale, la température de l'eau doit être bien au-dessous de celle des organes du corps; en de telles conditions elle rafraîchit réellement.

Terminons ce que nous avons à dire sur les propriétés physiques de l'eau potable en citant l'opinion émise par M. Rostan dans le *Dictionnaire de médecine et de chirurgie pratique*. « L'eau peut être considérée comme bonne et potable quand elle est fraîche, limpide, sans odeur, quand sa saveur n'est ni désagréable, ni fade, ni piquante, ni salée, ni douceâtre; qu'elle contient peu de matières étrangères, qu'elle contient de l'air en dissolution; quand elle dissout le savon sans former de grumeaux et qu'elle cuit bien les légumes. »

Puisque nous connaissons sommairement les caractères de l'eau potable, étudions maintenant ce liquide dans les différentes conditions où nous le recueillons pour le présenter aux animaux.

L'*eau de pluie*, très-aérée, ne contient pas de sel. Suivant M. Londe, cette eau est la meilleure et la plus pure qu'on puisse rencontrer; elle contient presque un vingtième de son volume d'air atmosphérique et un peu d'acide carbonique. M. Guibourt est à peu près de cet avis.

On admet généralement que l'eau provenant de la *fonte des neiges* est dépourvue d'air et des autres gaz qu'on rencontre dans l'eau de pluie. Si l'on se trouve dans la nécessité de se servir d'eau de neige, il faut, pour la rendre potable et de facile digestion, la battre à l'air.

L'eau recueillie dans les *citernes* est ordinairement de l'eau de pluie; elle est toutefois plus aérée que celle-ci et se charge à la longue des substances qui la rendent sapide.

Les qualités de l'eau de *puits* sont variables avec les constitutions géologiques des terrains sur lesquels on les recueille. Aussi trouve-t-on dans certains puits des eaux légères, c'est-à-dire des eaux contenant une dose convenable d'air atmosphérique, de gaz acide carbonique, et une petite quantite de sels autres que celui désigné sous le nom de sulfate de chaux, et dans d'autres des liquides chargés à l'éxcès de sels de chaux. Lassaigne a trouvé le moyen de rendre bonnes les eaux chargées de sels calcaires. Cet éminent chimiste a recommandé l'addition, à ces eaux, de 3 grammes de carbonate de soude par litre.

Comme cela a lieu pour les eaux de puits, les eaux *de source* ont des caractères qui varient suivant les terrains qu'elles ont traversés. Quelquefois elles sont chargées de sels de chaux; quelquefois elles manquent d'air; d'autres fois, enfin, elles renferment des substances métalliques vénéneuses.

Les eaux *courantes* sont celles que les animaux prennent dans les fleuves ou dans les rivières. A moins de causes particulières, d'altérations dues à des circonstances exceptionnelles, ces eaux sont bonnes parce qu'elles sont bien aérées et que dans leur trajet elles se sont débarrassées des matières peu solubles. La bonté des eaux de rivière, dit Parmentier, est en raison de leur volume et de leur rapidité.

Les eaux *stagnantes*, employées le plus usuellement pour désaltérer les animaux, sont celles amassées dans les *mares* ou dans des *citernes*. Au centre des villages, les mares sont alimentées par les eaux de pluie et par les égouts. On perd à tort les jus des fumiers; on laisse négligemment s'échapper des étables les déjections liquides du bétail, et ces immondices, suivant la pente naturelle du sol, s'écoulent dans les mares où elles corrompent l'eau de pluie qui s'y rend également. Cet inconvénient, il faut cependant le reconnaître, devient chaque jour moins fréquent. Le cultivateur mieux éclairé comprend de quelle utilité sont les engrais pour la fertilité des terres, et les autorités locales prennent le soin, sous le prétexte d'hygiène publique, de forcer les propriétaires à conserver chez eux le purin ou la *roussie*. Malgré ces précautions administratives, on voit encore trop souvent les eaux des mares ressembler à des jus de fumier.

Les lacs, les étangs, ne sont le plus souvent que de grandes fontaines alimentées par une ou plusieurs sources. L'eau de ces grands réservoirs est d'autant plus salubre, ainsi que le dit M. Sanson, qu'ils sont habités par un plus grand nombre de poissons vivant aux dépens des matières organiques qui y sont contenues.

Les boissons sont administrées de différentes manières aux animaux : tantôt elles sont prises en dehors de leurs habitations, tantôt elles leur sont présentées dans les lieux mêmes qu'ils habitent.

Pour être abreuvé au dehors, le bétail est conduit soit a la rivière, soit vers de grands réservoirs remplis d'eau.

Les abreuvoirs ou les mares construits dans de bonnes conditions doivent être pavés au fond; leur accès est un plan légèrement incliné, offrant des aspérités qui empêchent les animaux de faire des glissades toujours dangereuses parce qu'elles peuvent occasionner des boîteries d'autant plus difficiles à guérir, que le siége est inconnu. L'eau de ces réservoirs a des qualités relatives à sa pureté; aussi faut-il que les mares soient éloignées le plus possible des fumiers et qu'elles ne reçoivent pas, lors des grandes pluies, le jus qui s'en écoule par le lavage. Il est bien aussi de se débarrasser de tous les corps étrangers que le vent ou les accidents peuvent y amener. Quant aux formes et aux dispositions à donner aux abreuvoirs et aux mares, elles varient suivant beaucoup de circonstances : on ne saurait donc établir de règles fixes à cet égard; toutefois, en dehors de toute autre considération, le périmètre devra toujours être assez grand pour permettre l'approche simultanée à tous les animaux d'une écurie ou d'une étable.

Peut-être, en présence de ce qui se passe chaque jour et depuis les temps les plus reculés dans les campagnes, trouvera-t-on inopportunes les conditions de salubrité et de propreté que nous indiquons pour l'eau des mares et des abreuvoirs? Nous savons qu'aujourd'hui encore le plus grand nombre des propriétaires, prenant en considération la préférence que les animaux semblent accorder aux eaux des mares sâles et croupies, en tirent cette conséquence qu'elles sont préférables à toute autre. N'est-ce pas, au reste, aux mares contenant un liquide altéré par des corps organiques en décomposition, qu'ils vont puiser l'eau pour fabriquer leur cidre? Assurément, dans beaucoup de pays situés sur des hauteurs, les seuls abreuvoirs où les animaux peuvent se désaltérer sont des mares construites souvent en de mauvaises conditions, et dans ces localités le bétail ne paraît pas atteint de maladies plus fréquemment qu'ailleurs. On remarque encore chaque jour qu'entre de l'eau pure et limpide et de l'eau trouble puisée à une mare, l'animal n'hésite pas à donner la préférence à cette dernière. Pourquoi en est-il ainsi? Est-ce une aberration de l'instinct, ou plutôt n'est-ce pas, ainsi que se le demande Grognier, l'attrait d'une boisson salée ou seulement sapide? Les corps étrangers tenus en suspension dans l'eau des mares lui donnent cette saveur qui plait au palais des animaux. Quelle que soit la cause de cette préférence, toujours est-il que dans l'immense majorité des cas le bétail n'en éprouve aucune fâcheuse conséquence. Il faut, sans aucun doute, faire ici une large part à la puissance de l'habitude. Ne savons-nous pas que le corps arrive, par tolérance, à supporter sans gêne l'ingestion, par les voies digestives, des doses toxiques de substances malfaisantes et même vénéneuses? Mais comme les annales de médecine vétérinaire renferment des cas bien établis de maladies n'ayant dû leurs apparitions qu'à l'état de corruption et d'insalubrité des boissons, il est prudent de ne conduire les animaux aux abreuvoirs contenant une eau stagnante et altérée, qu'autant qu'on ne peut faire autrement. Nest-il pas, au reste, de l'intérêt du cultivateur et d'une bonne hygiène, d'éviter que le jus du fumier se rende aux mares? Le curage opportun de ces réservoirs ne fournit-il pas un résidu ayant de la valeur comme engrais? Serait-il enfin plus dispendieux que lucratif de débarrasser en certaines saisons de l'année les matières organiques végétales qui finissent par se décomposer après un certain temps de séjour à la surface de l'eau?

Les abreuvoirs alimentés par une eau courante, surtout si cette eau est fournie par une rivière, procurent une boisson salutaire à la santé. Il n'y a qu'une chose à redouter peut-être; c'est la température de l'eau suivant les différentes saisons de l'année. En hiver, cette eau exposée à l'action des intempéries atmosphériques si variables, est froide; en été au contraire elle est échauffée par les rayons brûlants du soleil, de telle sorte qu'elle ne se trouve que rarement, eu égard à l'économie animale, dans les bonnes conditions exigées par Hippocrate : chaude en hiver et froide en été. La température des boissons est convenable quand elle varie entre 10 et 15 degrés au-dessus de zéro du thermomètre centigrade. Dans de telles conditions, elle ne paraît pas froide en hiver, elle semble fraîche en été. Si l'eau déglutie est trop froide, c'est-à dire si sa température est au-dessous du minimum que nous venons d'indiquer, elle détermine chez l'animal un refroidissement général dont les conséquences peuvent être funestes en arrêtant subitement les exhalaisons naturelles; quelquefois aussi des coliques ou des indigestions graves ne reconnaissent pas d'autres causes. Si au contraire la température de l'eau est trop élevée, d'autres inconvénients surviennent. Les digestions sont paresseuses, difficiles et lentes, souvent même l'animal est atteint de diarrhée et quelquefois aussi de dyssenterie.

Observons encore qu'il est toujours imprudent de faire

trotter les animaux soit qu'on les conduise à l'abreuvoir, soit qu'on les ramène à l'écurie. Cette pratique vicieuse, malheureusement trop générale, place le cheval dans un état d'essoufflement qui ne lui permet pas de boire avec tranquillité ou qui empêche la digestion normale du liquide ingurgité. C'est à cette cause qu'il faut le plus ordinairement rapporter l'apparition des coliques dites coliques d'eau, desquelles sont atteints les chevaux à leur retour de l'abreuvoir.

D'autres fois l'eau est tirée du puits et versée dans une auge en pierre ou dans des baquets en bois. Ces récipients demandent à être entretenus avec une grande propreté. Tirée à l'avance, l'eau des auges prend bientôt la température de l'air ambiant. Il est bien de ne la tirer qu'au moment où le bétail doit la consommer. De cette manière la boisson a un degré de calorique qui la rend toujours agréable et innocente pour la santé. Mais si les chevaux rentrant du travail sont en sueur, il ne convient plus d'agir ainsi. Il faut, en été, que l'eau de puits, avant d'être bue, ait été puisée assez à temps pour qu'elle se mette en équilibre de température avec l'air ambiant ; en hiver, l'eau que l'on extrait d'une certaine profondeur dans la terre offre au thermomètre un degré supérieur à celui accusé par l'air atmosphérique sur le même instrument; elle peut donc être utilisée, sans inconvénients, aussitôt après qu'elle a été tirée du puits.

A l'étable, comme à l'écurie, l'eau est présentée deux ou trois fois aux animaux pendant la journée, aux heures des repas, dans des seaux, ou bien encore elle est versée dans une auge de petite capacité dite *barbottoire*. Cette dernière méthode offre l'avantage de permettre aux animaux de boire alors qu'ils en sentent le besoin ; de prendre souvent et peu à la fois le liquide qui leur est nécessaire, ce qui évite les accidents consécutifs à la préhension d'une trop grande quantité d'eau après une abstinence de quelque durée; enfin, quand le cheval trouve à sa portée une barbottoire, il y trempe le fourrage sec au fur et à mesure qu'il le tire du ratelier ; et cette pratique toute instinctive lui rend la nourriture plus appétissante. L'eau qui a séjourné dans l'écurie s'est mise a égalité de température avec l'air de l'habitation ; l'animal à son retour du travail peut se désaltérer sans qu'il en résulte pour lui aucun inconvénient.

Lorsque l'eau destinée à servir de boisson au bétail d'une exploitation agricole est recueillie dans des auges en pierre placées à l'air, ou dans des baquets et des barbottoires mis à sa portée dans l'écurie, il est toujours bon d'y ajouter soit du son, soit de la farine d'orge ; on confectionne ainsi ce que l'on désigne ordinairement sous la dénomination de barbottage ou de boisson blanche.

Il est très-important, sous le rapport de l'hygiène, de donner à boire aux animaux en quantité suffisante et dans des circonstances favorables. Ordinairement, les chevaux qui travaillent sont abreuvés deux ou trois fois par jour, et la quantité de boisson que consomme, en moyenne, chaque individu d'une écurie est de quarante à cinquante litres. Il y a des chevaux qui boivent jusqu'à satiété sans retirer leurs lèvres du liquide ; cette manière de faire peut avoir des inconvénients. L'animal qui a bu pendant quelque temps fait ensuite une grande inspiration pour emplir ses poumons, desquels l'air a été expulsé pendant qu'il pompait le liquide ; aussi arrive-t-il souvent qu'il est obligé de tousser. On se trouve bien pour les chevaux grands buveurs de leur couper l'eau, c'est-àdire de leur tirer plusieurs fois la tête en dehors de l'auge afin qu'ils respirent.

A quel moment faut-il faire boire le cheval ? Est-ce après qu'il a mangé l'avoine ou avant l'administration du grain ? Chez les solipèdes, la digestion stomacale est prompte, les aliments séjournent peu de temps dans l'estomac, d'où ils passent dans les intestins par un orifice facilement dilatable appelé pylore. Si les boissons sont prises immédiatement après que le cheval a mangé l'avoine, elles traversent le sac et entraînent avec elles une grande partie de la ration de grains. Ceux-ci n'ayant point encore subi complétement l'action chimique du suc gastrique ne sont pas suffisamment élaborés pour supporter les modifications qui, dans les intestins, les transforment en liquides assimilables; ils traversent alors le tube digestif et sont rendus presque en nature dans les excréments sans avoir été d'aucun profit pour le corps. Ces explications toutes physiologiques nous démontrent qu'il ne faut pas donner à boire aux solipèdes immédiatement après qu'ils ont mangé l'avoine. Il y a cependant des exceptions à cette règle : ainsi un cheval arrive-t-il, le corps couvert de sueur, de parcourir une longue route, ou bien rentre-t-il à l'écurie après avoir accompli une tâche pénible, il faut lui laisser manger une petite quantité de fourrage avant de l'abreuver. L'estomac ainsi faiblement lesté devient moins sensible à l'action réfrigérante du liquide et la digestion du repas qui doit suivre n'est pas troublée.

Bourgelat prétend que le bœuf boit, à proportion du volume du corps, moins que le cheval. Godine jeune fixe la ration journalière de ce ruminant à vingt ou vingt-quatre litres. Tessier dit avoir acquis la preuve qu'une vache de forte taille buvait, pendant l'hiver, étant nourrie de foin et de son, jusqu'à cent livres (cinquante litres) d'eau par jour. Les vaches les meilleures laitières sont celles qui boivent le plus : moins délicates que les chevaux, les bêtes bovines ne sauraient néanmoins boire impunément de l'eau froide quand elles ont chaud.

Bien que le mouton supporte facilement la privation de boisson, il doit cependant être conduit tous les jours à l'abreuvoir ou trouver dans la bergerie des réservoirs pleins d'une eau pure fréquemment renouvelée. Sa consommation est minime, puisqu'on estime qu'une bête ovine ne boit chaque jour que deux à trois litres d'eau.

Les détails dans lesquels nous venons d'entrer sur l'action physiologique des boissons et sur les précautions à prendre dans leur choix et dans leur administration, nous indiquent suffisamment que toute négligence de la part des propriétaires peut avoir des conséquences fâcheuses pour la santé du bétail qu'ils entretiennent dans leurs exploitations. Peut-être ne tient-on pas assez compte des soins qu'il faut apporter dans l'accomplissement des règles de l'hygiène relatives à ce sujet, et n'évite-t-on pas autant qu'on pourrait le faire le développement de maladies d'autant plus dangereuses qu'elles peuvent, en peu d'instants, occasionner la mort des animaux ?

CHAPITRE TROISIÈME.

Des Soins hygiéniques.

SECTION PREMIÈRE.

Du Pansage.

Le pansage est une opération hygiénique qui consiste à nettoyer la peau des animaux domestiques des impuretés qui la recouvrent et nuisent aux importantes fonctions de ce tégument externe.

Pour bien faire comprendre de quelle utilité est la pratique du pansage, nous allons étudier les fonctions de la peau. L'enveloppe cutanée est le siége d'une exhalation dont le produit s'évapore ordinairement au moment de son apparition à la surface libre de cette membrane. Quelquefois cette vapeur est sensible à la vue. Son intensité est plus ou moins favorisée par le degré de sécheresse de l'atmosphère, la chaleur, une course rapide et enfin par les efforts musculaires. Alors l'humeur perspiratoire s'amasse en gouttelettes à la surface de la peau et forme la sueur. Cette excrétion varie en intensité selon l'âge, le sexe, le tempérament, le climat, la saison, les variations atmosphériques, l'époque du repos, la quantité et la qualité des aliments et des boissons. En recouvrant la surface de la peau, la sueur y délaie la poussière et les autres immondices plus ou moins nuisibles qui se sont attachés à l'épiderme. La perspiration cutanée ne peut être supprimée sans qu'il survienne de troubles fonctionnels très-graves et incompatibles avec le maintien de la santé. Les produits exhalés par la peau doivent sortir de l'économie; ils ne sauraient impunément y demeurer. M. Fourcault, en appliquant à la surface de la peau du chien et de divers autres animaux de petite taille une couche imperméable de substances emplastiques, a vu la mort survenir au bout de quelques jours et même de quelques heures seulement. (Rapport de la commission des prix Montyon, année 1840). M. Henry Bouley a obtenu les mêmes résultats en répétant ces expériences sur le cheval. Les sujets, dont la peau préalablement rasée avait été enduite de goudron, ne tardaient pas à ressentir les effets d'une véritable asphyxie lente; ils devenaient tristes, peu impressionnables; leur respiration lente et profonde; le pouls de plus en plus faible. Bientôt se manifestaient des tremblements musculaires, un refroidissement sensible du corps et de l'air expiré : les muqueuses apparentes, la conjonctive, la pituitaire, prenaient une teinte violacée. (Colin. Traité de physiologie comparée.) Ainsi, et cela est évidemment prouvé par les expériences de MM. Fourcault et H. Bouley, la peau des animaux, comme au reste la peau de l'homme, est le siége d'une exhalation dont le produit ne saurait être empêché sans qu'il en résulte des accidents très-graves. Le but qu'on se propose par le pansage, c'est de débarrasser ce tégument externe de la sueur qui s'est concrétée sous forme de poussière au milieu des poils de la robe, et qui empêche, par l'espèce de croûte qu'elle forme à la surface du corps, la sortie à travers les pores de la peau du produit de la transpiration.

Le pansage stimule aussi utilement l'enveloppe extérieure du corps; il facilite la circulation dans toutes les parties, il appelle le sang à la surface et aux extrémités, c'est-à-dire sur les parties où son cours rencontre le plus d'obstacles, puisque le sang remonte vers le cœur, organe central de la circulation. Cet effet est chez l'animal celui qui se produit chez l'homme qui se frotte la figure ou toute autre partie du corps avec un linge fin et mouillé quand il fait sa toilette. L'action stimulante imprimée à la peau retentit même sur les organes profonds; on voit, après un pansage complet, l'appétit augmenter, les organes digestifs fonctionner avec plus de liberté et les digestions s'effectuer très-facilement. De là ce vieux proverbe que le jeu de l'étrille équivaut à un picotin d'avoine. Ce langage, un peu hyperbolique assurément, est cependant vrai dans une certaine mesure.

Par cette opération hygiénique, on nettoie la peau des animaux des substances excrémentielles et des corpuscules venus du dehors, tels que la poussière des fourrages, les débris de toiles d'araignées; tous ces corps étrangers laissés en suspension dans les poils ou les crins finissent par engendrer des maladies de la peau qui portent les animaux à se frotter contre les corps durs; la peau se dépouille de ses poils; plus tard apparaissent des dartres partielles, puis une gale générale qui fait souffrir l'animal et lui retire de son embonpoint. Le pansage régulièrement fait donne au contraire un poil lisse, brillant; la peau devient propre, libre des tissus sous jacents, souple, perméable; les affections cutanées se guérissent et la mue s'opère promptement. Chez les animaux privés du pansage, les poils n'ont pas la matière onctueuse qui leur communique des reflets vifs et agréables à l'œil; ils sont ternes, d'apparence sale et comme morts; au toucher, la main les trouve secs et grossiers.

De même que l'homme fatigué après une longue course ou un travail pénible, éprouve du bien-être s'il change ses vêtements mouillés par la sueur contre du linge blanc et sec, de même l'animal duquel on a exigé de grands efforts musculaires ou une course rapide et de longue haleine se trouve bien d'un pansage méthodique; ses membres se délassent; son corps se ressuie; tout son individu, en un mot, se sent disposé à un repos plus réparateur. Enfin, un bon pansage fait à l'issue du travail soustrait les animaux à toutes les causes de maladies suites des arrêts de transpiration.

Les considérations qui précèdent nous montrent quels sont les avantages du pansage en même temps qu'elles établissent les inconvénients qui peuvent survenir comme conséquence de la malpropreté de la peau chez nos animaux domestiques. Voyons maintenant comment ce pansage doit être pratiqué pour êtré profitable.

Pour les chevaux de gros trait, le pansage peut être fait avec l'étrille. Ces animaux ont la peau épaisse, les poils bien fourrés, et puis les gens ordinairement chargés de les tenir en état de propreté ont rarement la main trop lourde; elles ne sont pas si empressées qu'il faille craindre de leur voir érayer la couche la plus superficielle de l'épiderme. Une seule précaution doit leur être recommandée; c'est de ne pas se servir d'une étrille dont les dents se trouvent déviées de leur position ordinaire. Avec un instrument de pansage mal établi ou peu soigné, il est très-facile d'entamer la peau et de causer au cheval une douleur qui lui fait fuir et craindre les soins hygiéniques qui cependant sont indispensables. La propreté de la peau du cheval est un signe auquel on peut reconnaître la valeur du charretier. L'homme véritablement glorieux de son attelage, le soigne, non pas nonchalamment, mais avec zèle; quand il voyage, il est fier du hanarchement de ses animaux et de leur propreté.

Les chevaux de luxe, et nous désignons ainsi ceux utilisés soit au service de la selle, soit pour l'attelage de maître, sont soumis à des soins autres que ceux employés pour les bêtes de gros trait. Sur ces animaux à poils fins et courts, rarement salis par les matières excrémentielles, à peau fine et tendre, l'usage de l'étrille est très-difficile. Quelle que soit la légèreté de la main qui manœuvre cet instrument, toujours la couche épidermique est attaquée et la sensibilité normale de la surface cutanée se trouve ainsi surexcitée. Ces réflexions doivent au moins faire sentir la nécessité de n'user de l'étrille qu'avec une grande modération, si l'on ne croit pas pouvoir s'en passer. Une poignée de paille ou de foin, simplement tressée et façonnée de certaine manière, constitue ce qu'on appelle un bouchon de pansage.

Qu'on se garde bien toutefois de faire de ces bouchons trop serrés et hérissonnés, confectionnés avec de la paille dure, pour enlever les plaques de boue séchées sur l'animal, particulièrement sur les membres, au poitrail, sous le ventre, entre les cuisses et dans les plis des pâturons.

L'emploi d'un tel instrument met au supplice les chevaux à peau fine, ceux qui sont sensibles ou irritables. Le bouchon doit seulement présenter assez de résistance pour faire tomber les corps étrangers attachés aux poils. Chez la plupart des chevaux de luxe, la brosse de chiendent remplace même le bouchon. Puis vient le jeu de l'époussette, ensuite celui de la brosse en crin et enfin on se sert du bouchon de foin, légèrement humecté, longtemps promené dans le sens du poil sur toutes les régions du corps. Le pansage du cheval de luxe est d'autant plus facile que rarement sa peau est sale. Vient-il à suer, aussitôt le cocher de le soigner à la rentrée à l'écurie, d'abattre l'eau avec l'instrument appelé le couteau de chaleur; puis s'armant de paille douce, sèche et propre, par poignée à peine tortillée dans chaque main, il frictionne la peau jusqu'à ce que les poils soient secs. Se trouve-t-il en route, est-il obligé de laisser son cheval dans une écurie froide ou humide, le cocher intelligent a le soin de l'empailler. Pour cela, il étend sur le corps de l'animal une botte de paille et il place la couverture par dessus; le tout est maintenu par un surfaix. On voit, d'après ces précautions, que si le pansage des chevaux de maîtres ne demande pas l'emploi de l'étrille, il n'en est pas moins minutieux pour cela ; et si l'on est en droit d'exiger des charretiers de ferme plus de soins de propreté pour les chevaux qu'ils conduisent, on ne saurait assurément faire aux cochers une pareille recommandation.

Le pansage est appliqué aussi aux mulets et à l'âne. Comme ce dernier animal n'est ordinairement l'objet d'aucune attention, bien qu'il rende à ses maîtres de grands services, on le relègue dans un coin de l'écurie ou de l'étable à vaches ; à peine pense-t-on à lui jeter le peu de nourriture dont il a besoin, à plus forte raison néglige-t-on pour lui les soins de propreté. Mais cet animal, que l'on croit stupide, sait cependant s'étriller lui-même en se roulant dans la poussière dès qu'il est libre ; il gratte aussi sa peau contre le sol durci, et on dit en termes ironiques qu'il gagne son avoine. Pourquoi donc ne lui donne-t-on point ensuite le picotin qu'il a gagné ?

Chez les bons cultivateurs, les animaux de l'espèce bovine reçoivent aussi aujourd'hui le pansage de la main. Ainsi on enlève avec une espèce de couteau de bois les excréments adhérants à leurs poils ; puis on les lave. Lorsque la peau est sèche, le garçon de cour se sert soit de l'étrille, soit d'une carde en partie usée, voire même d'une branche de houx, pour détacher les pailles, les graines de foin et la poussière tombées sur la peau. C'est surtout pour les bêtes de travail que le pansage est favorable ; ces animaux ainsi soignés transpirent mieux, ont les articulations plus souples et travaillent davantage, surtout s'ils sont, comme l'observe M. Magne, convenablement nourris. Suivant ce même auteur, le pansage, en favorisant l'exhalation cutanée, diminue la sécrétion du lait des vaches médiocrement nourries. Mais si les bêtes font peu d'exercice, si les mamelles sont excitées par les mains de la trayeuse, si on administre une nourriture convenable, l'excitation produite par les frictions rend le lait de bonne qualité sans en diminuer la quantité. Selon M. Moll, on a l'habitude, dans certaine partie de la Prusse, d'étriller chaque jour les vaches nourries à l'étable et l'on a la précaution de bouchonner fortement celles qui pâturent toutes les fois qu'elles ont été mouillées. Les personnes dont le palais est délicat reconnaissent, dit-on, au lait si les vaches ou les ânesses ont été bien pansées, car le lait des vaches qui couchent continuellement sur le fumier est plus ou moins désagréable au goût. Mathieu de Dombasles a écrit que si dans beaucoup de cas on néglige pour l'entretien des vaches le pansement de la main, qui cependant leur est toujours utile, on ne doit jamais s'en dispenser pour les bêtes à l'engrais ; elles doivent être étrillées et bouchonnées avec autant de soin que les chevaux.

Les porcs, avons-nous dit, en parlant de l'hygiène de la porcherie, aiment à être proprement tenus ; s'ils se vautrent dans la fange, s'ils se grattent contre les corps durs, c'est dans le but de débarrasser leur peau des immondices et des corps étrangers qui engendrent les insectes et déterminent des démangeaisons. Il est bien dans l'intérêt de la santé des animaux choisis de cette espèce, de les bouchonner et de les laver souvent à l'eau tiède. On ne saurait assurément employer ces précautions hygiéniques sur un grand nombre de têtes entretenues dans une exploitation agricole, aussi ne demandons-nous ce pansage que pour les individus appartenant à des races que l'on a importées, que pour les animaux hors ligne destinés à améliorer l'espèce, ou bien encore pour les porcs soumis au régime de l'engraissement, avec assez de réussite pour qu'on puisse espérer arriver à une de ces difformités graisseuses qu'on prime dans les concours d'animaux de boucherie.

Les Anglais apportent beaucoup de soins dans le pansage des porcs qu'ils engraissent. Ils les lotionnent, même dès le jeune âge, avec de l'eau tiède ou avec de la lessive, ou encore avec de l'eau de savon. L'animal ainsi débarrassé des insectes et des causes de prurit qui le tourmentaient, est plus tranquille dans sa loge, et son engraissement est plus facile.

Le pansage des animaux a lieu en plein air, quand la température est douce, ou dans un lieu abrité, s'il en est autrement. Les hommes et les chevaux se trouvent bien du pansage en plein air, parce que la poussière est entraînée et qu'elle ne retombe pas sur le corps; mais si les soins de propreté ne peuvent être donnés qu'à l'écurie, il faut avoir la précaution de ne pas panser le cheval à la place qu'il occupe; sans cette attention, la poussière de l'un irait sur le corps de l'autre, ou tomberait dans l'auge, ou encore souillerait le fourrage. Pour obvier à ces inconvénients, on retourne les animaux et on les attache soit aux piliers, dans les écuries doubles, soit à des boucles fixées, dans les écuries simples, aux murs opposés aux mangeoires. Dans les fermes, on a l'habitude, pour économiser le temps des animaux et celui des hommes, de faire chaque jour le pansage pendant que les animaux prennent leur repas. Un nettoyage plus superficiel est encore fait le soir, après la rentrée des attelages. Si ce pansage a lieu dans l'écurie, il faut tenir ouverts tous les jours, pour que la poussière qui se produit se trouve entraînée au dehors par les courants d'air, et qu'elle ne retombe pas sur les poils même de l'animal qu'on panse, ou sur le corps des bêtes déjà appropriées. Avec de telles précautions de propreté, on conserve les animaux en bonne santé, on leur procure un bien-être après de longues fatigues, et on les débarrasse des incommodités qui peuvent les taquiner et les empêcher de prendre facilement la graisse. Le pansage a des effets physiologiques trop importants chez nos animaux domestiques, ainsi que nous venons de les démontrer, pour que les propriétaires négligent d'en faire adopter et d'en surveiller l'emploi dans leurs exploitations agricoles.

SECTION DEUXIÈME.

Du Tondage.

La nature toujours prévoyante revêt, pendant la saison d'hiver, le corps des chevaux d'une fourrure longue et épaisse que nous appelons, dans le langage vulgaire, le poil d'hiver. Ce poil d'hiver garantit les animaux contre l'action du froid ; il le soustrait aux effets souvent fâcheux des intempéries atmosphériques. A la lecture des ouvrages écrits par les naturalistes, on est frappé des soins que la Providence met à protéger les êtres vivants contre l'action malfaisante que pourraient avoir les milieux dans lesquels ils sont appelés à vivre. Sous les tropiques, c'est-à-dire dans les parties du globe terrestre où la chaleur est intense, les animaux sont à peu près dépourvus de poils, tandis qu'au voisinage du pôle nord, dans les pays froids, ils portent une fourrure abondante. Un fait très-remarquable encore, c'est que les êtres vivants, transportés des zônes glaciales dans les pays chauds, perdent en partie leur fourrure, et que ceux conduits des tropiques vers le pôle nord ne tardent pas à revêtir une enveloppe pileuse qui les met à l'abri du froid. Dans l'état de domesticité où nous les avons réduits, les chevaux sont encore soumis à cette loi de la nature. Nous les voyons, en effet, à l'entrée de la saison froide prendre un pelage long, épais, propre à les soustraire aux injures du temps. Eh bien, l'homme ne tenant aucun compte de la prévoyance du créateur, n'hésite pas aujourd'hui à détruire en partie, par une opération mécanique appelée *le tondage*, le vêtement d'hiver que le cheval revêt à l'approche de la saison des froids. La pratique du tondage des chevaux a, dès le principe, cela se comprend au reste facilement, trouvé des adversaires sérieux qui, appuyant leurs raisons sur des principes hygiéniques, se sont efforcés de vouloir démontrer qu'on avait tort de détruire les précautions prises par la nature dans le but de garantir le cheval contre les causes si fréquentes et si graves des refroidissements de la peau. Enlever aux chevaux, disaient-ils, leur manteau protecteur, c'est agir contre les vues de la nature qui dispose pour le mieux tout ce qu'elle fait. L'animal privé de sa fourrure épaisse doit nécessairement souffrir du froid et des intempéries; il subit une perturbation dans les fonctions de sa peau.

Ces observations, qui paraissent rationnelles à première vue, ont été surtout émises il y a environ une vingtaine d'années, à l'époque où l'on a commencé à préconiser la pratique du tondage des chevaux; mais le raisonnement théorique n'a pu prévaloir sur les résultats obtenus par l'expérimentation et même sur les arguments fournis aussi par la logique opposée. La question du tondage du cheval, toute nouvelle encore, offre beaucoup d'intérêt aux propriétaires de chevaux; c'est pourquoi nous pensons devoir faire ici l'historique détaillé des expériences tentées dans le but de reconnaître jusqu'à quel point ce procédé mérite d'être recommandé.

Pour ce qui a trait aux considérations physiologiques, nous ne saurions mieux faire que de citer textuellement les paroles de M. Sanson : « On s'expose aux plus étranges erreurs toutes les fois que l'on veut appliquer aux conditions de la civilisation les faits observés dans l'état sauvage, sans tenir compte des éléments nouveaux que celle-là fait intervenir. N'est-il pas évident, par exemple, dans le cas dont il s'agit, qu'on ne saurait, sans offenser la logique, assimiler les animaux sauvages à ceux qui sont en état de domesticité. Il intervient pour ceux-ci des conditions de logement, de nourriture et surtout de travail, qui rendent toute comparaison impossible. Les animaux que leur fourrure protége contre les rigueurs du froid, ne portent point apparemment de harnais, ne produisent point un travail mécanique qui est démontré aujourd'hui n'être qu'une transformation de calorique développé par les contractions de leur appareil musculaire. S'il leur fallait, pour maintenir l'équilibre de température nécessaire à l'exécution de leur fonction nutritive, exercer leurs muscles, on ne voit point comment il leur resterait assez de temps pour absorber en quantité suffisante les aliments indispensables à l'entretien de leur vie. C'est pour cela, sans doute, qu'ils sont protégés naturellement contre les déperditions de calorique, par ce que l'on appelle leur poil d'hiver.

» Dans ces conditions, en outre, il est une remarque extrêmement importante à faire. Les exhalaisons normales de la peau s'exécutent d'une manière régulière et lente. La transpiration s'effectue dans les limites des nécessités fonctionnelles, et ses éléments liquides s'évaporent à mesure qu'elle se produit. Dans l'état de repos ou d'exercice modéré que comporte la vie sauvage, la transpiration est insensible ; en d'autres termes, l'animal dans cet état ne sue pas.

» En est-il de même des animaux domestiques, et surtout des solipèdes utilisés pour le travail? Il n'y a pas lieu de répondre à cette question. Nous savons précisément qu'à travail égal l'abondance de la sueur est en rapport avec celle de la fourrure, et que cette sueur s'accumule d'autant plus à la surface du corps que le poil est plus long et plus fourré. Or, s'il est normal que la transpiration cutanée demeure dans tous les cas insensible, par le fait de l'évaporation constante de ses produits à mesure qu'ils se forment, il ne l'est nécessairement plus que ceux-ci, condensés sur les poils, s'y accumulent et forment à la surface du corps comme une sorte d'enveloppe liquide. Cette enveloppe peut être sans danger tant que dure l'activité fonctionnelle qui la provoque ; elle peut encore être sans danger si l'activité ne cesse pas tout à coup, et si son évaporation s'effectue lentement et sous l'influence d'une température douce ; mais elle ne l'est jamais lorsque l'évaporation a lieu rapidement, ou lorsque le liquide accumulé sur les poils se refroidit d'une façon brusque. Et c'est ce dernier cas qui se présente chez les animaux en sueur exposés à un courant d'air. Le moins qui puisse en advenir est un trouble dans la fonction de la peau, sur laquelle nous avons plus haut insisté. Voici la vraie raison scientifique et pratique des bons effets du tondage et de ses avantages. » *(Le Livre de la Ferme et des Maisons de campagne.)*

Voyons maintenant les données fournies par l'expérience. Nous emprunterons à M. Gayot, ancien directeur de l'Administration des Haras, les curieux renseignements que contient sur cette question son remarquable ouvrage sur *la connaissance générale du cheval.* Une décision ministérielle, en date du 8 septembre 1853, ordonna que, dans chaque régiment de cavalerie et d'artillerie, vingt chevaux fussent soumis au tondage. On devait choisir de préférence les animaux malingres. à constitution molle, à tempérament lymphatique, suant au moindre exercice, sous l'influence d'un travail léger et d'une température douce et humide. Observés pendant le mois qui a suivi la tonte, et nous regrettons, observe avec beaucoup de raison M. Gayot, que le rapport n'en ait pas mentionné l'époque, les 1,245 chevaux tondus ont donné lieu aux remarques générales que voici : « La peau commence à se débarrasser des pellicules furfuracées qui, presque toujours, abondent à la surface, lorsqu'elle est recouverte d'un poil long et épais. Pendant les premiers jours, elle paraît légèrement ridée, avoir perdu de sa souplesse et être plus adhérente que d'habitude, mais cet état n'est que très passager, car bientôt la peau devient plus souple, plus onctueuse, et moins adhérente qu'elle n'était avant l'opération. Dans les premiers temps encore, un certain nombre de chevaux rendus plus sensibles au froid par suite de la perte qu'ils ont faite de leur fourrure, sont fréquemment, mais surtout après avoir bu, pris de tremblements généraux que le bouchonnement ou l'application d'une bonne couverture arrête facilement..... Mais les animaux s'habituent vite aux impressions nouvelles de la température ambiante. » Voici enfin les conclusions auxquelles la commission est arrivée : « On doit rester convaincu que le tondage est une excellente mesure, et cette conviction sera bien plus grande encore lorsque l'on saura que, à peu d'exceptions près, les chevaux lymphatiques, soumis à l'expérience, se sont parfaitement trouvés de ce moyen; qu'en général ils ont fait preuve, peu après l'opération, de plus de force et de vigueur qu'ils n'en avaient avant, et que surtout ils ont cessé d'être couverts de ces sueurs abondantes si difficiles à faire disparaître, et pourtant si dangereuses. » Voilà certes des expériences faites en assez grand nombre sur les effets du tondage appliqué aux chevaux de l'armée. Si nous consultons les annales de médecine vétérinaire civile, nous y trouvons aussi des observations favorables à ce procédé hygiénique. M. Magne cite trois faits, pris parmi plusieurs de même nature, qui démontrent l'efficacité du tondage. Voici sommairement le compte-rendu d'une de ces observations : Une jument hors d'âge, employée au service de voitures d'occasion, fut prise, en automne, d'une toux et d'un râle sec qui résistèrent à une foule de petits soins et ne cédèrent qu'après que l'animal fut tondu; bientôt après, la jument reprit son embonpoint, et tous les symptômes qui faisaient craindre l'apparition de la morve disparurent pour ne plus reparaître. Il résulte donc des essais tentés sur les effets du tondage par des hommes haut placés dans la science hippique, que ce procédé est avantageux et que généralement sa mise en pratique doit être conseillée. Avant, cependant, d'exposer notre propre opinion sur ce point de l'hygiène de nos animaux domestiques, qu'il nous soit permis de rechercher à nous rendre bien compte des effets physiologiques de cette opération.

Bien avant qu'on ait soulevé la question du tondage complet du cheval, on employait ce procédé sur les chevaux de gros trait, mais seulement sur certaines parties du corps. Ainsi, dans le midi de la France, depuis longtemps on tondait partiellement les chevaux amenés du nord. On ne coupait le poil que sur la partie supérieure du corps en suivant une ligne qui, partant des oreilles, suivait les faces de l'encolure, le milieu des côtes et du flanc jusqu'aux fesses. Les poils restaient intacts sur toute la moitié inférieure du corps. Cette manière d'agir a lieu d'étonner puisque les parties délaissées sont précisément celles qui sont les plus difficiles à entretenir en état de propreté et qui exigent le plus de soins. Il est donc permis d'admettre que le tondage partiel des chevaux de gros trait est une mesure plutôt hygiénique qu'une précaution de propreté. Le premier effet du tondage est assurément de faciliter le pansage. Il est facile alors de débarrasser la peau de la poussière qui la recouvre et des produits de la transpiration. On n'a plus à craindre d'y voir pulluler les insectes. Grâce à cette opération, la gale et les dartres sont d'une guérison plus facile; les blessures de harnais sur les côtes et à l'encolure, blessures souvent dues à ce que les poils qui recouvrent ces parties se feutrent, sont moins fréquentes. Selon M. Magne, l'effet le plus utile du tondage, c'est de débarrasser les animaux du poil long et touffu qui les recouvre à compter de l'automne, qui forme sur le corps une enveloppe spongieuse et retient la boue humide, la pluie et l'humeur de la transpiration cutanée.

Le tondage, pratiqué comme mesure hygiénique, doit avoir lieu au plus tard vers la fin de l'automne. Il est mieux de procéder à cette opération un peu plus tôt que plus tard, parce que la peau débarrassée de sa fourrure avant les grands froids s'habitue insensiblement à supporter les atteintes de la température basse, qui l'enveloppe pendant les moments de repos suivant que l'hiver se prolonge plus ou moins. On renouvelle l'opération, ou bien on entretient le tondage, en brûlant les poils quand ils reprennent de la longueur.

Dans les premiers temps de sa mise en pratique, le tondage était confié aux soins de quelques cochers intelligents et adroits, ou encore de gens qui parcouraient les départements, munis de certificats attestant leur aptitude. Aujourd'hui, il est peu de cochers qui veulent confier leurs chevaux à des mains étrangères. Presque tous ont acquis une certaine habileté dans l'art de tondre. En même temps que l'usage du tondage a pris de l'extension, les instruments nécessaires pour l'effectuer ont été perfectionnés. Généralement on se sert d'un peigne très-mince en cuivre pour rebrousser les poils : ceux-ci sont coupés avec des ciseaux courbes sur plat.

Comme il arrive, quelle que soit l'habileté de l'opérateur, que tous les poils ne sont pas coupés d'une manière uniforme, il faut les égaliser après la tonte. Pour cela on brûle ceux qui sont restés trop longs à l'aide d'une lampe alimentée par de l'esprit de vin. Cette lampe est d'une grande simplicité ; elle se compose d'un tube aplati en fer-blanc, dans lequel on adapte pour mèche une bande de drap large de 8 à 10 centimètres, qui trempe par son extrémité inférieure dans l'alcool. Par l'effet de la capillarité, le morceau d'étoffe est toujours imprégné du liquide et la combustion est continue. La flamme est promenée sur toute la surface du corps jusqu'à ce qu'on ait détruit ce que l'on appelle vulgairement les *échelles* faites par les coups de ciseaux. L'opération du tondage n'est pas douloureuse pour le cheval, elle semble au contraire lui procurer une certaine sensation agréable. A peine le tondeur s'est mis à l'œuvre que les animaux, même les plus fougueux, demeurent dans un état presque complet de repos ; ils ne paraissent même pas s'apercevoir de l'opération. C'est donc à tort que dans le principe on tourmentait les chevaux en leur appliquant le tord-nez, les morailles ou le trousse-pied.

La méthode que nous venons de décrire est généralement employée alors que l'on n'a qu'un animal ou deux chevaux à tondre; mais il y aurait évidemment une trop grande perte de temps si l'opération devait être faite dans une écurie renfermant un grand nombre de têtes. Pour obvier à cet inconvénient, on a recherché les moyens de rendre le tondage plus expéditif. MM. de Nadat ont inventé une tondeuse mécanique fondée sur le principe de la tondeuse à draps. Suivant M. Gayot, les chevaux de la cavalerie anglaise sont tondus non pas avec des ciseaux, mais en brûlant ras les poils avec la flamme du gaz à éclairage. « L'appareil nécessaire pour cette opération se compose d'un tuyau en caoutchouc du diamètre de 15 millimètres et d'une longueur de 3 à 4 mètres, fixé par une extrémité à un conduit de gaz et terminé à l'autre par un instrument en cuivre de forme triangulaire. Un des côtés du triangle, celui opposé à l'autre qui reçoit le conducteur du gaz, est percé de petits trous placés à égale distance, par lesquels s'échappe le gaz ; une lame de 15 millimètres d'épaisseur, soudée à la partie de l'appareil, percée de trous, détermine la distance à laquelle la flamme doit être éloignée du corps.

» Armée d'une main de cet instrument, la personne affectée à cette opération promène lentement la flamme sur les poils, et, de l'autre main, elle enlève avec une brosse de chiendent la partie des poils qui a été carbonisée.

» On passe la flamme sur la surface du corps un nombre de fois indéterminé, suivant la longueur des poils et suivant que l'animal doit être tondu plus ou moins ras.

» Il semble, au premier abord, que ce procédé de tonte appliqué aux chevaux doit occasionner des brûlures ; il n'en est rien.

» La flamme du gaz a, sur celle de l'alcool, cet immense avantage que son effet cesse aussitôt qu'on l'éloigne des poils. L'opérateur en est toujours maître ; il la dirige pour ainsi dire à volonté. Elle en possède encore un autre, celui de brûler beaucoup plus facilement que la flamme d'esprit de vin, les poils épais, durs et feutrés qui couvrent le corps de certains chevaux. » (Rapport de MM. Gillet et Raynal à la commission d'hygiène.)

Ainsi, cela résulte de l'opinion d'hommes émérites, le tondage général du corps des chevaux est une opération hygiénique généralement adoptée aujourd'hui avec avantage. Quel que soit l'engouement des zootechniciens pour cette pratique, nous ne croyons devoir adopter leur opinion à cet égard sans y mettre des conditions. Sans aucun doute, le tondage ne saurait avoir de résultats fâcheux sur les chevaux de luxe, parce que ces animaux sont entourés de soins qui les mettent à l'abri des refroidissements ; les chevaux de gros traits, sur lesquels au reste cette opération est rarement employée dans notre contrée, sont en exercice au pas pendant toute la durée de l'attelée ; ils ne se refroidissent pas; mais les chevaux légers ne sont pas tous des animaux de luxe, un certain nombre d'entre eux, et c'est peut-être le plus grand, est employé pour un service d'utilité. Nous désignons sous cette expression les bêtes qui traînent au trot les voitures de voyageurs de commerce par exemple, celles enfin qui n'effectuent pas d'une seule fois leur course, mais qui souvent demeurent attachées pendant un temps plus ou moins long, suivant les occupations du maître, sans être promenées par un domestique. Ces chevaux tondus ne se trouvent-ils pas, bien qu'on ait la précaution de leur jeter une couverture sur le dos, exposés à des refroidissements, à des courants d'air froid, à des pluies quelquefois abondantes. Peut-on sérieusement croire que chez ces animaux le tondage général doive avoir de bons effets hygiéniques? Quant à nous, nous en doutons. Cependant, on est forcé de le reconnaître, avec leur fourrure d'hiver, les animaux conservent longtemps la sueur ; ils se ressuient lentement et ne sont pas exempts des refroidissements.

N'est-il pas possible d'améliorer leur hygiène en employant, pour les débarrasser de leur épaisse fourrure, un système de tondage moins complet que celui mis en usage sur les chevaux de luxe? On brûle, avons-nous dit, les poils des animaux après l'action des ciseaux dans le but de les égaliser, et ces animaux n'en éprouvent aucun malaise. Pourquoi donc ne pas se contenter de flamber seulement à l'esprit de vin ou au gaz la robe des chevaux de trait léger, dont nous avons tout à l'heure spécifié le service, de manière à diminuer de moitié seulement la longueur des poils. De cette manière, on mettrait les bêtes de travail dans des conditions moins favorables pour suer, et ils ne seraient pas autant exposés à se refroidir pendant les temps d'arrêt. D'un autre côté encore, le pansage dans les écuries d'hôtel serait plus facile et le propriétaire du cheval aurait le droit d'être plus exigeant. En somme, donc, nous ne sommes pas partisans du tondage général pratiqué chez cette catégorie de chevaux employés par les négociants, par les hommes qui voyagent chaque jour et par tous les temps, et qui sont obligés de laisser leur équipage au repos et à l'air pendant des instants plus ou moins longs. Nous comprenons que le poil d'hiver conservé intact a des inconvénients, et nous préférons, au tondage, le *flambage* à l'aide duquel on diminue de moitié la longueur des poils. Il demeure entendu que cette opération sera plusieurs fois répétée pendant la saison des froids ; mais comme cette pratique est facile et peu dispendieuse, elle entraînera à peu de frais tout en procurant du bien-être aux animaux.

Jusqu'à présent nous nous sommes exclusivement occupé du tondage général ; mais on pratique aussi sur le cheval, et cela en toutes saisons, un tondage partiel : on coupe, on fait les poils des jambes, ceux des oreilles ; on éclaircit les crins de la crinière. Ces soins, usuellement employés sur les chevaux légers, concourrent à l'entretien de la propreté de la peau en même temps qu'ils rendent les formes de l'animal plus agréables à l'œil. Quelle que soit l'utilité du tondage partiel, considéré d'une manière générale, il peut, dans certains cas, ne pas être avantageux. Il est assurément utile de couper les crins de la partie supérieure de l'encolure lorsque ceux-ci sont noués, mêlés ou comme feutrés par le collier ou la têtière de la bride. On prévient ainsi les blessures que pourrait occasionner l'action des harnais. C'est afin d'éviter les démangeaisons, l'échauffement des crins, la gâle même qu'on éclaircit la crinière chez les chevaux sur lesquels celle-ci est trop épaisse ou double. Quelquefois le tondage des crins des membres est suivi d'inconvénients. Les poils coupés courts, raides à leur base, irritent, alors surtout qu'ils commencent à repousser, la peau des plis du pâturon ; ils forment brosse. Cette irritation, entretenue pendant les mouvements des membres, peut donner naissance à des crevasses. Quand on se décide à faire les crins des jambes, il faut les entretenir avec soin, c'est-à-dire les couper souvent et toujours ras. De même que la nature a placé aux bords libres des paupières des cils longs qui s'entrecroisent pour protéger l'organe de la vision contre l'accès des corps étrangers tenus en suspension dans l'air ; de même elle a garni l'intérieur de l'oreille du cheval des poils longs, également entremêlés, qui ferment l'entrée du conduit auditif aux insectes ailés, à l'action de l'air froid, et surtout aux corps durs qui pourraient à chaque instant s'y introduire. Puisque les poils ont une grande utilité à la face interne du pavillon de l'oreille, nous avons mauvaise grâce à les couper dans le simple but de rendre cette partie de la tête plus agréable à la vue.

De tout temps le tondage partiel a été pratiqué sur les animaux de l'espèce bovine soumis au régime de l'engraissement. Ainsi on coupait le poil sur la croupe, les reins et le dos, parties du corps où tend à s'accumuler la crasse chez les bêtes qui ne sortent pas. Mais aujourd'hui le tondage est employé sur ces mêmes animaux ; c'est à ce qu'il paraît dans les sucreries du Nord que cette pratique a commencée. Un bœuf tondu engraisse plus vite que celui qui a conservé tout son poil.

Les femelles bovines elles-mêmes sont quelquefois tondues en certaines parties du corps, depuis surtout que la connaissance des signes de la vache bonne laitière signalés par les frères Guénon s'est répandue parmi les cultivateurs. On sait qu'une observation attentive a conduit Guénon à reconnaître que les propriétés lactifères de la vache sont extérieurement accusées par la forme et la dimension d'un écusson, limité latéralement par des épis, écusson situé en arrière et au-dessus des mamelles, au-dessous de l'orifice extérieur des organes génitaux. Afin de tromper l'œil de l'acheteur, les marchands ont adopté l'habitude de raser les poils de la partie postérieure du corps, là précisément où se trouvent l'écusson et les épis; et, pour mieux voiler leurs intentions, ils rasent également les poils de la queue depuis son origine à la croupe jusqu'aux deux tiers de sa longueur. Si vous leur demandez le motif qui les fait agir ainsi, ils vous répondent que la vache ainsi parée est plus propre, plus présentable et plus marchande. Cette manière de vouloir dérober aux yeux de l'acquéreur les signes indicateurs de la qualité laitière de l'animal est assez maladroite parce qu'elle n'a aucune valeur. Les poils de l'écusson et ceux des épis ont une direction opposée à celle des poils des parties postérieures du corps; ils sont couchés de bas en haut et non pas de haut en bas, de sorte que, même après le tondage, il est possible, en promenant la main sur l'endroit où se trouve l'écusson, de sentir son étendue et d'en tirer des conséquences plus ou moins favorables sur la valeur de l'animal.

L'action du tondage appliquée aux bêtes ovines s'appelle *la tonte.* Nous pratiquons la tonte des moutons non pas seulement, ainsi que cela a lieu pour le cheval, dans un but hygiénique, mais aussi et surtout pour recueillir ses dépouilles. L'époque de la tonte ne saurait être invariablement fixée; elle varie selon les climats, selon le régime alimentaire appliqué aux animaux et suivant aussi leurs races. On pratique ordinairement la tonte, dit M. Magne, au printemps, aussitôt que les intempéries ne sont plus à craindre, et lorsque la laine devenue inutile pour préserver les animaux du froid, commence à gêner par son poids et par la chaleur qu'elle occasionne. Dans une grande partie de la France, les moutons sont tondus vers le 24 juin; on opère plutôt dans le

Midi que dans le Nord. Comme on tient à ce que la tonte soit finie avant de conduire les moutons au parc, on devance quelquefois l'époque.

Afin d'éviter les inconvénients, conséquences obligées de la tonte, il est nécessaire de prendre certaines précautions. L'opération sera toujours pratiquée par un temps chaud et les animaux seront soustraits à toutes causes de refroidissement. Dans notre contrée, où la température est modérée, rarement voit-on des accidents survenir à la suite de la tonte; mais il n'en est pas ainsi dans les montagnes du midi, où les variations de température sont très-brusques.

Ainsi, et pour nous résumer, le tondage est une pratique hygiénique appliquée aux individus des espèces chevaline, bovine et ovine. Etudié depuis peu de temps sous le rapport de ses avantages physiologiques, ce procédé, bien qu'il fût employé depuis longtemps, mais avec certaines restrictions, est aujourd'hui reconnu favorable pour le cheval de luxe, pour celui de l'armée, auxquels on donne des soins de tous les instants. Il est cependant des animaux qui, à cause du service auquel ils sont astreints, ne sauraient être impunément soumis au tondage général. Pour eux, les circonstances déterminant les arrêts de la transpiration sont très-fréquentes. Si leur fourrure trop épaisse et trop longue fait conserver longtemps la sueur sur le corps, il est cependant possible d'y remédier en flambant le poil, de manière à le diminuer de moitié, et en renouvelant cette opération toutes les fois que le besoin s'en fait sentir.

SECTION TROISIÈME.

Des Bains.

Un soin hygiénique, très-souvent mis en pratique dans la saison d'été, est l'immersion plus ou moins prolongée dans l'eau du corps ou d'une partie du corps de nos animaux domestiques. Les chevaux paraissent se plaire beaucoup dans l'eau ; ils semblent y éprouver une sensation de bien-être qui les porte à battre du pied, à se coucher et même à se rouler malgré les efforts que peuvent faire les conducteurs pour s'y opposer. Une considération qui milite en faveur des bons effets des bains sur le cheval, c'est que de temps immémorial ces animaux sont conduits à la rivière.

Les bains généraux, les bains frais, presque les seuls usités dans des vues hygiéniques, ont une température de 10 à 15 degrés au-dessus de zéro. On baigne les animaux soit dans les eaux courantes, soit dans les mares ou les étangs.

Pris à l'eau courante, les bains ont pour effet de nettoyer la peau des corps étrangers qui la salissent ; de la rendre souple, douce, extensible, et d'en favoriser les fonctions sécrétoires. Si l'eau est fraiche, écrit M. Magne, les bains raffermissent les tissus, les fortifient, et l'action produite à l'extérieur agit sympathiquement sur les viscères : l'appétit augmente, la digestion et la nutrition se font bien. Si l'eau est courante, que les animaux s'agitent, il en résulte un frottement qui augmente l'action tonique du liquide et qui peut faire disparaître des engorgements dus à des piqûres, à des coups, à des entorses, à des écarts et à des efforts.

La température des eaux stagnantes, des eaux de mares par exemple, est, en été, plus élevée que celle des eaux courantes ; de là on conclut que ce liquide doit avoir un effet moins salutaire sur la peau et sur l'économie entière des animaux qu'on y baigne. Cette eau dormante, au fond de laquelle s'accumulent des débris végétaux et qui tient tant en dissolution qu'en suspension les produits des déjections animales, ne vient pas, comme l'eau courante, frapper à chaque instant la peau, la nettoyer, la tonifier ; au contraire, elle délaie les matières étrangères attachées aux poils, surtout si l'animal frappe du pied, et y dépose sur ceux-ci, en lieu et place de celles qu'elle leur a cédées, les impuretés qu'elle charrie. Aussi l'animal, en quittant la mare, ne ressent-il pas tout le bien-être que doit procurer un bain frais, et sa peau n'est-elle pas débarrassée de toute impureté. Il y a donc un effet physiologique bien tranché entre celui qui résulte des bains pris en été dans les eaux courantes et celui qui est la conséquence de l'immersion entière du corps dans le liquide stagnant des mares ou des étangs. Est-ce à dire pour cela qu'il ne faille jamais conduire les chevaux dans les eaux stagnantes? non assurément. Il est préférable de les y mener quand on n'a que ses réservoirs à sa disposition plutôt que de les laisser sans prendre de bains; mais il demeure établi que les immersions du corps dans les rivières doivent être préférées à celles prises dans l'eau dormante, alors qu'on est en position de pouvoir opter entre les deux.

Les bains généraux sont très-salutaires pour les chevaux, encore faut-il que l'usage en soit opportunément dirigé. En principe, on ne doit les recommander qu'alors que la terre et l'eau ont été échauffées par les rayons du soleil. Certains propriétaires, ou mieux bon nombre de conducteurs de chevaux envoient leurs animaux au bain immédiatement après le travail, bien que leur peau soit encore couverte de sueur, dans le but de dépouiller celle-ci de la boue ou de la poussière qui la souillent. C'est ainsi qu'agissent par exemple les postillons. Avant même de prendre le temps de dégarnir leurs chevaux et de les rentrer à l'écurie, ils leur font traverser, à plusieurs reprises, la rivière la plus voisine. Blâmable est cette conduite, parce qu'elle peut occasionner des arrêts subits de la transpiration, causer des maladies graves, surtout si, comme cela a malheureusement lieu trop souvent, les chevaux sont, après leur sortie de l'eau, attachés à leur place à l'écurie ou exposés aux courants d'air. Le passage dans l'eau courante des animaux en sueur qui doivent continuer de suite leur route est sans inconvénient, parce que la circulation se trouve de nouveau activée par l'exercice et le corps ne se refroidit pas. C'est pourquoi l'on s'explique comment un cheval, dont la peau est couverte de sueur, traverse une rivière qu'il rencontre sur sa route et continue ensuite son chemin sans éprouver d'accidents. Au contraire ce bain le rafraîchit, lui délasse les membres, lui fait acquérir une nouvelle ardeur.

Il faut aussi, avant de conduire un cheval au bain, s'inquiéter de l'état dans lequel se trouvent les organes digestifs. L'immersion totale du corps dans l'eau n'est rationnelle qu'autant que l'estomac et les intestins ne sont pas pleins d'aliments. On doit attendre que la digestion soit achevée ou tout au moins fort avancée. On estime, en moyenne, que le travail des organes préposés à l'accomplissement de la digestion est fort avancé trois heures après la consommation de la ration.

Pour être véritablement hygiéniques, les bains doivent, autant que possible, être généraux et instantanés; le cheval ne doit pas non plus demeurer immobile dans l'eau au milieu de laquelle il est conduit; le mieux est de le faire passer à plusieurs reprises dans le lieu où l'immersion a lieu. Le bain est surtout salutaire si la profondeur du courant exige un peu de natation de la part de l'animal.

Telles sont les précautions à prendre pour conserver aux bains frais une heureuse influence sur la santé des animaux. Il en est d'autres encore qu'il ne faut négliger et qui s'adressent au cheval après sa sortie de l'eau. Si la température de l'air est élevée au-delà de la moyenne de la saison d'été, l'animal peut être laissé au repos, exposé au soleil; mais s'il en est autrement, si par exemple la différence entre le degré de calorique de l'air et celui de l'eau n'est pas très-sensible, il est indispensable de provoquer une réaction soit à l'aide de frictions sèches, soit en soumettant l'animal à un léger exercice.

Jamais les animaux de l'espèce bovine ne prennent de bains généraux, cependant M. Rodat assure qu'ils leur sont très-salutaires.

Dans certains pays, on baigne les moutons à l'eau courante

quelques jours avant la tonte, dans le but de dépouiller la toison et la peau de l'excès de suint qui les couvre ; c'est ce qu'on appelle le *lavage à dos.* En Angleterre, aucun mouton n'est tondu sans avoir été préalablement lavé.

Le porc, avons-nous dit déjà, aime beaucoup la propreté ; aussi faut-il lui faire prendre des bains qui débarrassent sa peau de toute la malpropreté capable d'engendrer des insectes ou tout au moins des démangeaisons. Ces bains seront pris dans un courant d'eau ou bien dans une mare construite à cet effet.

Les bains généraux sont des moyens indispensables d'hygiène pour les chiens, animaux exposés à contracter facilement des maladies de la peau. Les chiens de Terre-Neuve surtout ne sauraient être privés des occasions de se baigner sans être affectés de démangeaisons rebelles au traitement et nuisibles à la santé.

Quant aux bains locaux et partiels, surtout quant à ceux qu'on appelle bains à mi-jambes dans les eaux courantes ou stagnantes, ils sont d'un usage journalier contre une affection très-fréquente qu'on désigne sous le nom de fourbure. Pour que l'effet de ces bains à mi-jambes soit efficace, il faut avoir le soin de limiter le niveau du courant de l'eau à la hauteur des genoux et des jarrets.

SECTION QUATRIÈME.

De la Ferrure.

La ferrure est l'art d'appliquer méthodiquement une semelle métallique sous le sabot des solipèdes et sous les onglons des grands ruminants. En maréchalerie, on définit le fer; une bande de fer plus large qu'épaisse, contournée sur elle-même dans le sens de son épaisseur, de manière à représenter un croissant allongé, modelé dans son contour sur la circonférence de la face inférieure du sabot qu'elle doit servir à protéger. « Le but de la ferrure hygiénique est de revêtir d'une armature de fer les sabots des animaux dont on utilise les forces motrices, afin que la corne de leurs pieds puisse résister à l'usure des frottements et aux efforts de la locomotion. (H. Bouley). » Cette définition de la ferrure et le but qu'on se propose d'atteindre par sa pratique nous démontrent de quelle importance est l'application du fer sous les pieds des animaux. Si nous envisageons cette même opération sous le point de vue chirurgical, nous verrons qu'elle concourt puissamment à remédier aux défectuosités des membres ou aux maladies inhérentes au sabot; à corriger aussi les défauts d'aplomb et à obvier à leurs conséquences. Afin de bien faire comprendre quelle est l'influence de la ferrure sur la conservation du cheval et sur les services qu'il peut rendre, nous citerons le passage suivant extrait de l'article publié sur ce sujet par M. H. Bouley dans le nouveau dictionnaire de médecine et de chirurgie vétérinaire : « C'est par lui (l'art de ferrer) que le cheval, notamment, a pu être transformé, si l'on peut ainsi dire, en machine motrice, et qu'il a été possible d'utiliser ses forces si puissantes au transport des fardeaux à longues distances. Sans le fer dont sa corne est revêtue, le cheval n'eut pas été capable de remplir cet office; car les frottements de la marche, pour peu qu'elle se prolonge, et surtout les efforts qui aboutissent à ses pieds, points d'appui des leviers locomoteurs, ont pour conséquence d'affaiblir tellement l'enveloppe cornée par l'usure, et d'en faire si vite éclater le contour, que bientôt les parties vives, destituées de l'égide qui les protége, s'endolorisent à l'excès et mettent les animaux dans l'impossibilité absolue de se tenir sur leurs membres et à plus forte raison de déployer leurs forces.

« Lorsque les pieds des chevaux sont mal conformés, que cette mauvaise conformation soit congénitale ou qu'elle résulte d'un état maladif, la ferrure fournit le moyen d'y remédier dans un très-grand nombre de cas, et d'une manière assez complète, pour que les animaux soient encore très-utilisables malgré cette altération d'un des appareils les plus essentiels de leur machine. Que l'on compare avec lui-même le cheval qui a les sabots plats ou combles, lorsqu'il progresse sur un terrain rocailleux, avec ou sans ferrure, et l'on pourra juger par la différence de son allure, si libre dans un cas, si empêchée dans l'autre, combien lui est indispensable l'armature protectrice dont ses pieds sont garnis.

» Un cheval a-t-il des aplombs défectueux par suite, soit d'une construction native irrégulière, soit de l'usure souvent anticipée qu'entraînent les services auxquels on l'emploie, et se trouve-t-il exposé par ce fait à butter, à boîter, à s'atteindre ou à se couper, il est possible souvent, par une ferrure méthodique, de prévenir les conséquences de ce défaut, ou tout au moins de les atténuer et quelquefois même d'y remédier complètement. »

Dans la pratique de la ferrure rationnelle, on doit conserver au pied l'intégrité de sa forme et la liberté de ses mouvements, et au membre la régularité de ses aplombs. Pour remplir ces conditions, diverses indications doivent être remplies.

A. Donner au fer une *tournure* exactement modelée sur les contours du pied. Ainsi le fer doit être arrangé après que l'ouvrier a coupé la corne qui est en trop ; il voit alors quelle est au juste la forme du pied, et il doit, sur la bicorne de l'enclume, donner au fer la tournure même du sabot. Ce n'est qu'à cette condition que la ferrure peut être propre et rationnelle.

B. Ajuster le fer de telle façon que, quand il est posé, l'assiette du membre sur le sol se rapproche, autant que possible, de l'assiette naturelle. L'ajusture d'un fer consiste dans une concavité presque insensible, imprimée à l'aide du marteau à la face supérieure du fer de telle façon que lorsqu'il est posé, il n'y ait aucun contact entre lui et la partie inférieure du sabot, appelée la sole. On comprend très-bien que si la face supérieure du fer offrait une surface plane ne laissant aucun espace entre elle et la sole, celle-ci viendrait, à chaque appui du membre sur le sol, et cela à cause de l'élargissement du sabot, se meurtrir contre le fer. Après un certain temps d'exercice, la sole sans cesse comprimée, ainsi que les tissus situés au-dessus d'elle dans la boîte cornée, souffriraient et causeraient de la douleur à l'animal.

C. Concentrer les étampures dans les parties antérieures de l'ongle, autant que cela est compatible avec la solidité de l'attache du fer, afin que la présence des clous gêne le moins possible le jeu de ressort des talons. On désigne sous le nom d'étampures, les ouvertures quadrangulaires dont le fer est traversé de dessous en dessus, pour donner passage aux clous qui doivent le fixer. Comme l'élargissement du sabot est, à cause de sa structure, plus grande en arrière que dans la partie antérieure dite la *pince*, les clous implantés dans des étampures placées trop près des talons nuiraient au jeu de l'ongle lors de son appui sur le sol ; la marche serait gênée et la boîte cornée elle-même finirait par se rétrécir postérieurement.

D. Laisser la sole libre dans ses mouvements et exempte de toute compression, par le mécanisme de la concavité de l'ajusture. Nous venons dénoncer les inconvénients qui surviennent lorsque la sole appuie sur la face supérieure du fer. Assez souvent il arrive que, par l'usure, les fers perdent de leur épaisseur, et comme conséquence de leur ajusture qui est détruite lors de l'appui du pied, la sole alors porte sur le fer et le cheval boîte. C'est donc une économie mal raisonnée que celle qui engage certains propriétaires de chevaux à ne faire ferrer leurs animaux à neuf jamais avant que les fers soient entièrement usés.

E. Conserver à l'ongle, en rognant les parties en excès, ses proportions naturelles, afin que la répartition du poids du corps sur les os et sur les tendons de suspension s'effectue régulièrement. Cette cinquième condition est très-importante; son application de la part de l'ouvrier n'est pas le fruit de la routine, mais la suite de son observation et de son intelligence. Afin de bien faire comprendre toute l'importance qu'il y a à conserver au cheval la juste répartition du poids du corps sur les os et les tendons, nous croyons devoir dire quelques mots des aplombs.

M. Lecoq, de l'école vétérinaire de Lyon, définit les aplombs; la direction que doivent suivre les membres du cheval considérés dans leur ensemble ou dans leurs différentes régions en particulier, pour que le corps soit supporté de la manière la plus solide et en même temps la plus favorable à l'exécution des mouvements. Pour que les aplombs soient réguliers, il faut que les membres chez le cheval *placé*, c'est-à-dire maintenu au repos, de manière à ce que les quatre sabots forment les coins d'un rectangle qui représente la base de sustentation, il faut, disons-nous, que les membres répondent à certaines données géométriques.

Membres antérieurs :

1° Une ligne verticale abaissée de la pointe de l'épaule jusqu'au sol doit rencontrer ce dernier un peu en avant de l'extrémité antérieure du sabot (la pince);

2° Une ligne verticale abaissée du tiers postérieur de la partie supérieure et externe de l'avant-bras doit partager également le genou, le canon et le boulet, et gagner le sol à une certaine distance des talons ;

3° Une verticale abaissée de la partie la plus étroite de la face antérieure de l'avant-bras doit partager toute la partie inférieure de l'extrémité en deux parties égales.

Membres postérieurs :

1° Une verticale abaissée de la pointe de la fesse doit rencontrer la pointe du jarret et longer la face postérieure du canon avant d'arriver au sol ;

2° Une verticale abaissée du milieu de la face postérieure de la pointe du jarret doit partager également en deux moitiés latérales tout le reste de l'extrémité.

Ainsi un cheval a des aplombs irréprochables toutes les fois que ses membres sont établis suivant les règles que nous venons d'énoncer. Comme la perfection ne se rencontre pas ici-bas, on ne trouve jamais une parfaite régularité dans l'établissement des membres ; mais plus un animal se rapproche par sa structure du beau idéal, mieux il est placé et plus il est solidement établi. Les efforts d'un maréchal intelligent doivent tendre à rapprocher, autant que faire se peut, la conformation vicieuse du type de la beauté. Pour cela, il faut qu'avant de couper la corne, de choisir le fer, de l'ajuster, il ait d'un coup d'œil sévère saisi ce qu'il y a à faire pour porter remède à la défectuosité ; il pare ensuite le pied, travaille son fer de manière à ramener les aplombs le plus près possible des règles que nous venons d'énoncer.

Beaucoup de causes peuvent concourir à changer, à détruire la solidité des jambes d'un cheval. Parmi ces causes, à l'exception du travail qu'on exige des animaux trop jeunes, nous parlerons de celles qui résultent de la négligence des propriétaires, c'est-à-dire du manque de surveillance relativement à la longueur de l'ongle. De ce qu'un cheval use peu, il ne s'ensuit pas qu'il faille laisser le sabot s'allonger au-delà de certaines limites. L'accroissement de la corne de la muraille est beaucoup plus rapide en pince qu'en talon ; de sorte que si on laisse le pied s'accroître naturellement, pendant un temps d'autant plus long que le cheval use moins, le pied sera en quelque sorte poussé en avant ; les cordes tendineuses situées en arrière des membres depuis le genou jusqu'au talon sont continuellement tendues outre mesure ; elles se fatiguent et le membre se ressent bientôt des mauvais effets de cette station forcée. Ce raisonnement indique qu'il est nécessaire, même chez les solipèdes qui usent peu leur fer, d'enlever celui-ci de temps à autre pour que l'on puisse abattre le trop de longueur du sabot. Cette opération s'appelle en maréchalerie faire un *rassis* ou rasseoir le fer.

On ne saurait donc se le dissimuler, la ferrure joue un grand rôle dans la conservation de la régularité des aplombs. Le nombre des chevaux dont les membres sont usés prématurément par l'usage d'une ferrure irrationnelle et non méthodique est immense. Dire qu'un maréchal inhabile peut en quelques mois ruiner complètement les aplombs d'un cheval bien établis, c'est assez indiquer toute l'attention que les cultivateurs et les maîtres doivent avoir de ne confier leurs animaux qu'à des artisans expérimentés. Dans les grandes villes, l'art de la maréchalerie est soigneusement exercé; les ouvriers n'entrent dans les ateliers qu'après avoir fait preuve de capacité; aussi voit-on les chevaux supporter mieux qu'ailleurs et pendant un plus grand nombre d'années les durs travaux auxquels on les soumet.

F. Donner au fer une épaisseur égale partout, de manière que toutes les parties du pied auquel il est surajouté, se maintiennent les unes par rapport aux autres, dans les mêmes conditions de hauteur. L'énoncé de cette règle est assez clair de lui-même pour que nous nous dispensions de toute explication.

Telles sont les règles à observer dans l'application du fer sous les pieds des solipèdes. Il nous reste encore à dire quelques mots sur la ferrure à froid comparée à la ferrure à chaud et à parler aussi de la ferrure anglaise.

La ferrure à chaud consiste dans la présentation du fer sous le sabot alors que le métal est encore chaud, afin que l'ouvrier puisse mettre à profit immédiatement cette dernière condition et imprimer au fer, rendu plus malléable par l'imprégnation du calorique, les modifications qu'il croit nécessaires dans sa tournure ou dans son ajusture, pour l'identifier autant que possible à la forme du pied.

Dans la ferrure dite *à froid*, le fer n'est pas essayé chaud sous le pied. C'est en cela que consiste la différence entre les deux procédés. En 1845, la Société impériale et centrale de médecine vétérinaire s'est livrée à une discussion remarquable et féconde en documents pleins d'intérêt sur la question de savoir auquel des deux procédés de ferrure dits à chaud et à froid on devait accorder la préférence. Nous ne pouvons assurément rapporter ici les arguments fournis en faveur et contre chacune de ces deux méthodes par les hommes distingués qui ont pris part à ce débat. Nous relaterons seulement les conclusions auxquelles la Société s'est arrêtée :

1° La ferrure à chaud est incontestablement supérieure à la ferrure à froid, en ce sens qu'elle permet toujours à l'ouvrier *de confectionner le fer pour le pied*, règle fondamentale de toute maréchalerie, avantage immense que la ferrure à froid ne peut présenter ;

2° La ferrure à froid, d'une exécution plus difficile et plus longue, et, par cette dernière raison, plus dispendieuse, est généralement moins solide et moins durable;

3° Mais, néanmoins, pratiquée convenablement par une main habile, la ferrure à froid peut être mise en usage sans trop de danger et même *utilement* dans quelques circonstances exceptionnelles;

4° Les inconvénients reprochés à la ferrure à chaud sont également applicables à la ferrure à froid, excepté toutefois *la brûlure de la sole.*

5° Ce dernier accident, d'ailleurs très-rare, ne produit presque jamais les funestes effets qu'on lui attribue;

6° Il n'existe par conséquent aucune raison plausible et valable pour substituer la ferrure à froid à la ferrure à chaud;

7° Enfin, les avantages attribués à la ferrure dite podométrique, notamment celui qui permet de préparer les fers d'avance, en l'absence des chevaux, et de les appliquer hors des ateliers, ne sont pas suffisamment démontrés, et dans tous les cas le fussent-ils, ils ne pourraient compenser les inconvénients inhérents à ce procédé.

La ferrure pratiquée par le procédé anglais diffère dans son manuel, à beaucoup d'égards, de la ferrure française. L'ouvrier anglais, sans aucun aide, lève le pied, le maintient dans une position convenable, l'arrange pour la réception du fer, tourne et ajuste ce dernier, l'essaie et le fixe enfin à l'aide de clous. Dans ce procédé, on ne se sert pas pour raccourcir et tailler la corne de cet instrument, si dangereux et pour le cheval que l'on ferre et pour l'homme qui tient le pied, auquel a recours l'ouvrier français. Le maréchal anglais pratique cette opération à l'aide d'un couteau particulier, sorte de plane à une seule poignée, dont la lame, de largeur égale dans toute son étendue, est légèrement courbe sur plat et terminée à son extrémité opposée au manche par une petite gorge analogue à celle de la rainette employée par les vétérinaires. En Angleterre, le fer sort des mains du forgeron avec son ajusture toute faite, en sorte que le ferreur n'a plus qu'à lui donner la tournure pour l'adapter au pied. L'ajusture du fer anglais consiste dans un biseau creusé aux dépens de l'épaisseur du fer, sur sa face supérieure, depuis la limite circulaire interne de son tiers antérieur environ jusqu'à sa rive interne, dans toute son étendue, à l'exception des extrémités des branches, qui sont conservées planes dans toute leur largeur. A la face inférieure, concentriquement à sa rive externe et à une très-petite distance de sa limite, une rainure est creusée à l'aide d'une tranche, laquelle rainure règne sur toute la circonférence antérieure du fer depuis la pince jusqu'au milieu des branches. C'est dans le fond de cette rainure que les étampures sont percées; sa largeur est moindre que celle du fer français. Les clous au moyen desquels le fer est attaché au pied, ont une tête qui, moins massive que celle des clous français aplatie d'un côté à l'autre, plane à son sommet de telle sorte qu'il entre dans sa rainure. Cette ferrure anglaise, fort usitée en France pour les chevaux fins et coureurs, est plus gracieuse à l'œil que celle que nous avons adoptée chez nous. Mais la ferrure anglaise offre-t-elle, au point de vue de l'hygiène, de grands avantages sur la ferrure française? On a beaucoup discuté sur cette question et depuis longtemps déjà. M. H. Bouley, après avoir consacré quelques pages à la comparaison des deux ferrures, conclut en ces termes : Il faut comparer l'un à l'autre les deux modes de ferrure dans les conditions les plus parfaites d'exécution pour l'un et pour l'autre. Où sera alors la différence entre eux deux, et lequel vraiment devra être à l'autre préféré? Quant à nous, nous serions bien embarrassé pour le dire; et si nous en jugeons par ce qui se passe dans les ateliers où les deux ferrures sont également pratiquées avec une égale habileté, nous croyons, à vrai dire, qu'il n'y a d'autre raison pour préférer l'une à l'autre que la fantaisie des propriétaires de chevaux.

La ferrure rationnelle, nous avons essayé de le démontrer dans cet article, est d'un immense avantage pour la conservation, dans de bonnes conditions, des aplombs du cheval, et conséquemment les services que cet animal peut nous rendre sont étroitement dépendants des soins apportés dans sa pratique. Malheureusement, la maréchalerie est le plus souvent exercée, en dehors des grands centres de population, par des hommes qui ne se sont pas trouvés en position d'acquérir les notions nécessaires pour agir en dehors de la routine, selon les règles de l'art; et malgré les efforts et la bonne volonté de ces artisans, ils ne peuvent arriver à remédier aux défectuosités des membres ou à conserver la régularité des aplombs. Et cependant la valeur des chevaux employés aux services du maître et au gros trait est assez considérable pour que l'on s'occupe de remédier à toutes les causes de ruine prématurée. Déjà cette question a fixé l'attention d'hommes frappés de la profonde routine dans laquelle les circonstances actuelles laissent forcément les ouvriers maréchaux. Il serait assurément fort utile, aujourd'hui que l'on s'occupe de rechercher les moyens de rendre aux animaux domestiques moins durs les moments qu'ils passent au milieu de nous, de procurer aux ouvriers forgerons les occasions de connaître théoriquement la structure du pied du cheval, son mécanisme dans l'action, les défectuosités dont cette partie du membre peut être le siége, ainsi que les moyens mécaniques capables de les faire disparaître. On adoucirait ainsi les douleurs auxquelles ces animaux sont trop souvent exposés dans toutes les positions, c'est-à-dire pendant le repos comme pendant le travail. L'usure moins rapide des chevaux prolongerait le temps de service de ceux-ci, le prix commercial de ces animaux diminuerait en même temps que les travaux que nous leur demandons seraient mieux accomplis.

On ferre aussi les ruminants employés aux charrois sur des sols pierreux, ou ceux qui ont à parcourir une longue route pour se rendre sur les marchés d'approvisionnement. Le pied du bœuf est formé de deux onglons distingués en externe et en interne. Quelquefois, chacun de ces onglons est muni d'un fer à sa face inférieure ; d'autrefois, l'onglon externe seul en porte un. Le fer du bœuf est une plaque peu épaisse de forme ovalaire, comme celle de l'ongle qu'elle doit protéger. Les étampures, au nombre de six, sont placées sur la rive externe seulement; il porte sur la rive interne un prolongement rubané, flexible, qui est replié à froid et fixé sur la paroi pour remplacer en dedans les clous que l'organisation du pied ne permet pas d'implanter dans cette région. Comme le fer est facile à ajuster, on l'applique le plus souvent à froid. Plus facile à poser que celui du cheval, le fer est cloué sous les pieds des ruminants, par les marchands eux-mêmes, avant le départ pour une longue route.

SECTION CINQUIÈME.

Des Harnais.

Les animaux entretenus par l'homme doivent être à chaque instant à sa disposition ; aussi les accoutume-t-il, dès leur jeune âge, à supporter l'usage d'appareils à l'aide desquels ils sont attachés et gouvernés. Ces appareils adaptés aux corps des animaux domestiques dans le but, soit de les maintenir attachés, soit de les gouverner, ou bien encore pour utiliser leurs forces comme machines motrices avec le plus d'avantages possibles au déplacement des résistances par le tirage ou par le transport à dos, ces appareils, disons-nous, sont appelés *harnais*. On réserve la dénomination de *harnachement* à l'ensemble de toutes les pièces qui composent ces appareils.

Pour mettre de l'ordre dans les observations que nous allons exposer sur les conditions hygiéniques d'un harnachement bien fait, nous diviserons les harnais en deux catégories bien distinctes. A la première se rapportent les appareils utilisés dans le but de maintenir les animaux attachés à l'écurie ou à l'étable ; à la seconde, les parties du harnachement indispensables pour que les bêtes de travail puissent développer avantageusement leurs forces musculaires.

A. *Harnais d'attache et d'écurie.* — Les chevaux fins demeurent très-souvent en liberté dans des compartiments établis dans l'écurie et désignés sous le nom de *Boxes*. Ce système de stabulation est avantageux en ce qu'il permet au cheval de se donner du mouvement, de circuler dans l'enceinte qui lui est réservée ; il n'est pas contraint de demeurer immobile devant l'anneau auquel il est attaché. Placée dans une boxe, la jument prête à pouliner ou la femelle nourrice sont mieux à l'aise pour suivre les mouvements du jeune sujet et aussi pour ne pas le blesser. Malgré les avantages présentés par ce système, on ne saurait y avoir recours en toutes circonstances, parce que son adoption demande beaucoup de place et rend le service des écuries plus difficile. De là la nécessité fréquente de tenir attachés les chevaux de luxe, comme cela a lieu pour les animaux de trait léger et de gros trait.

Les moyens d'attache se font pour le cheval à l'aide du licol et dn collier d'encolure.

Le licou, que nous ne décrirons pas dans ses détails parce que tout le monde le connaît, est un appareil d'attache assez solide qui, lorsqu'il a été bien établi et bien ajusté à la tête de l'animal, ne doit pas blesser les parties sur lesquelles il est appliqué. Dans un licou bien fait, la muserolle ne doit pas serrer le nez du cheval ni gêner les mouvements de la mâchoire inférieure. Ceux-ci ont besoin d'être libres dans leur action, afin que le cheval puisse, d'une part, ouvrir la bouche pour prendre sa nourriture, pour que, d'une autre part, le jeu des mâchoires, qui s'opère de gauche à droite et de droite à gauche pour moudre en quelque sorte le bol alimentaire entre les deux plans inclinés représentés par les tables des dents molaires, ne soit pas entravé. Une muserolle de licou trop serrée est souvent la cause de dépressions observées sur le nez des chevaux ou de gonflements douloureux et même de plaies dans cette région de la tête. Comme il n'y a pas d'inconvénient à laisser du jeu à la muserolle, et qu'au contraire on en trouve à la trop serrer, nous engageons, pour éviter des accidents et des douleurs aux animaux, à ne jamais craindre de laisser du jeu à cette partie constituante du licou et à lui donner une largeur assez grande. Si la têtière, cette bande de cuir qui passe en arrière des oreilles sur la nuque du cheval, n'a pas aussi une largeur suffisante, elle peut blesser l'animal qui tire sur sa longe quand, par exemple, étant attaché court à l'auge il peut à peine atteindre le fourrage jeté dans le râtelier. Ces pressions répétées échauffent d'abord la peau; les poils tombent, l'épiderme s'excorie; puis survient une plaie superficielle et transversale à l'extrémité supérieure de la tête. L'animal souffre, ce qu'il traduit par un mouvement particulier de l'encolure : on dit alors qu'il encense. La cause du mal agit-elle plus longtemps, alors la plaie superficielle se change en plaie profonde, difficile à guérir en raison des parties organiques qui entrent dans la composition de cette région du corps. Avec une têtière trop étroite, le cheval qui s'accule sur ses jarrets d'une manière brusque, celui qui, selon l'expression conservée de l'ancienne hippiatrique, *tire au renard*, se blesse à la nuque, se meurtrit les tissus placés sous la peau, d'où résulte un accident toujours grave appelé le *mal de taupe*. Il faut donc que la partie du licou qui passe sur la tête du cheval soit large, bien établie, de manière à ne pas blesser la nuque. Existe-t-il à cette région le plus petit échauffement, on doit immédiatement y remédier en garnissant la têtière d'une peau de mouton ou bien encore en la remplaçant par une autre plus large et moins rigide. Ce que nous venons de dire des inconvénients reconnus à une têtière de licou mal établie s'applique évidemment aussi à cette même partie de la bride.

La sous-gorge de cet appareil d'attache sera assez longue pour être bouclée sans être trop tendue. Cette lanière passe précisément sur les premiers organes des voies respiratoires qu'elle comprimerait, de manière à gêner le libre passage de l'air, si elle était trop courte. Le cheval ne pouvant plus, dans un exercice accéléré, fournir à ses poumons une suffisante quantité d'air, éprouverait de la gêne capable de le rendre poussif et même d'occasionner l'asphyxie.

On donne le nom de *licou-collier* à une courroie large et forte, formant collier à l'aide d'une boucle dont elle est pourvue à l'une de ses extrémités et portant sur sa longueur un anneau pour recevoir la longe. Ce harnais d'écurie peut devenir la cause d'accidents fréquents et graves. Est-il trop lâche, alors il permet à l'animal de passer sa tête à travers l'anse qu'il forme et le cheval devient libre. Est-il au contraire trop serré, il gêne le passage de l'air à travers le tube appelé trachée. Si pendant la nuit, l'animal s'entrave avec la longe, s'il s'abat ou se couche maladroitement, le licou-collier trop serré peut déterminer la mort par strangulation. C'est donc un terme moyen entre ces deux extrêmes qu'il convient d'adopter pour le jeu de ce licou. Jamais ce harnais ne sera employé pour attacher à l'écurie les chevaux nouvellement saignés, et cela pour plusieurs motifs. Dans les différents mouvements que l'animal fait éprouver à son encolure, le licou-collier monte et descend; il peut baisser vers le poitrail jusqu'au-dessous du point où la saignée a été pratiquée, et l'épingle, placée à l'ouverture faite par la flamme, peut aussi se trouver enlevée. Cet accident a pour conséquence l'écoulement du sang au dehors de la veine. Mais comme l'ouverture du vaisseau et celle faite à la peau ne se trouvent plus en présence l'une de l'autre, le sang, pour se faire une issue au dehors, est obligé de suivre un trajet sinueux pendant lequel il traverse un tissu abondant et à mailles nombreuses dans lequel il s'épanche en partie. C'est alors que la saignée devient grosse et que le thrumbus se produit. L'enlèvement de l'épingle par les allées et venues du licou-collier est sujet à déterminer un accident plus grave. C'est lorsque ce harnais vient serrer l'encolure en dessous de l'endroit où la veine a été ouverte. Celle-ci se trouvant comprimée comme au moment même de l'opération, se gonfle, parce que le sang qui descend de la tête vers le cœur, rencontre un obstacle sur son passage, et l'ouverture de la peau laisse de nouveau le sang s'écouler. L'hémorrhagie dure tant que le lien circulaire exerce de la compression; elle devient intermittente comme la cause qui la détermine, de telle sorte que si elle se reproduit souvent avant qu'on y ait porté remède, l'animal s'affaiblit et peut même mourir.

Puisque l'usage du licou-collier offre plus d'inconvénients que d'avantages, puisqu'il peut devenir l'occasion d'accidents fort dangereux, il est prudent de s'en servir le moins possible et de donner la préférence au licou ordinaire. Dans une circonstance, cependant, l'emploi du licou-collier est à préférer à d'autres modes d'attache, c'est quand il sert à fixer les chevaux de trait léger maintenus dans les brancards, c'est-à dire qui ne sont pas dételés. Un cheval est alors plus rationnellement tenu qu'avec une chaîne dont le mousqueton, placé à l'une de ses extrémités, est passé dans un des anneaux du mors de la bride. En effet, un cheval attaché de cette dernière façon vient-il à s'effrayer, la chaîne agit sur le mors; celui-ci froisse douloureusement la partie de la bouche sur laquelle il porte; l'animal souffre, il s'efforce, par un mouvement irréfléchi et à contre-sens, de se soustraire à la souffrance; il tire en arrière au lieu d'avancer; le canon du mors coupe la langue; quelquefois aussi l'os de la mâchoire inférieure se trouve brisé à l'endroit où il est rétréci. Ces accidents fréquents et graves sont évités par l'emploi du licou-collier.

Pour les ruminants, on se sert aussi du licou, du collier-licou et de la chaîne. Ce que nous venons de dire sur les avantages et les inconvénients offerts par les deux premiers de ces harnais sur les individus de l'espèce chevaline trouve encore ici son application. Nous dirons seulement un mot de la chaîne.

On emploie, pour attacher les ruminants, une chaîne en fer dont une extrémité est fixée à la crèche et dont l'autre bout se termine par deux branches destinées à embrasser le cou. Ces deux branches s'unissent à l'aide d'une tige qui passe dans le dernier maillon de la chaîne. La longueur de ce lien est calculée de manière à ce que l'animal puisse prendre sa nourriture dans la crèche, se coucher sans gène, mais sans arriver à tourmenter ses voisins. L'expérience a prouvé que ce mode d'attache est avantageusement employé dans les vacheries. Au reste, il est facile de comprendre que cette espèce de licou-collier n'offre pas chez les ruminants les mêmes inconvénients que ceux que nous avons mentionnés pour le cheval. Les animaux bovins sont moins pétulants; leur tête est armée de cornes qui permettent de donner à l'anse formée par la chaîne une grande ouverture, sans que la tête puisse passer à travers; enfin, ainsi attachés, ces animaux sont mieux à l'aise que s'ils sont tenus par les cornes. Combien de fois ne voit-on pas des accidents être consécutifs à ce dernier mode d'attache!

Nous rangeons au nombre des harnais d'écurie *les couvertures* dont l'utilité et le mode d'emploi sont soumis à certaines précautions. Les couvertures, espèces de vêtements destinés à couvrir le corps des animaux domestiques, sont maintenues en place à l'aide de surfaix, de sangle et quelquefois même de cordes. Selon qu'ils sont employés dans le but de préserver les animaux du froid ou de l'humidité, ou dans l'intention de les garantir de la chaleur du jour ou des piqûres des insectes, ces vêtements sont en laine ou en toile; ce qui revient à dire que l'on distingue la couverture d'hiver et la couverture d'été. Si nous voulions énumérer ici les diverses circonstances dans lesquelles l'usage de la couverture est adopté pour le cheval, il nous faudrait parler de la pratique de l'entraînement où elle joue un grand rôle; mais notre intention n'est pas telle parce que le cadre que nous nous sommes tracé ne nous le permet pas. Nous devons restreindre nos renseignements à l'emploi de la couverture pour le cheval de maître et pour le cheval de trait.

1° *Chevaux de luxe.* — Les chevaux de maître sont, pendant la saison d'hiver, l'objet d'une attention toute particulière de la part des cochers pour les soustraire à l'action des intempéries. Une couverture bien épaisse, bien chaude, large et longue, enveloppe leur poitrine et recouvre le train postérieur; la tête, l'encolure sont enfermées dans une espèce d'étui en laine appelé *camail;* des ouvertures laissent passage au bout du nez et permettent aux yeux de recevoir l'impression de la lumière; ce vêtement d'hiver est en un mot si complet que l'on ne voit du cheval que les jambes et les naseaux ; rarement encore le corps n'est-il abrité que sous une seule couverture. Ainsi voilà le cheval, animal appelé, par le genre de service auquel nous le soumettons, à supporter les variations climatériques de la mauvaise saison, tenu à l'écurie avec des précautions que certaine classe de la société humaine ne peut prendre pour elle-même. Ces soins, il est vrai, conservent aux chevaux un poil lustré qui plaît à l'œil, mais ils rendent ces animaux d'autant plus sensibles aux influences du froid qu'ils sont plus chaudement couverts. Est-il rationnellement possible d'admettre que le cheval ainsi vêtu, soit qu'il reste à l'écurie, soit qu'il aille à la promenade, puisse ne pas être défavorablement impressionné quand il est privé, pour son service, de ses couvertures. L'exercice lui procure, sans doute, une excitation générale et partant une chaleur du corps capable de contrebalancer les effets du froid de l'atmosphère ; mais avant que cette chaleur lui soit acquise, mais aussi quand, après une course assez rapide, il lui faut demeurer stationnaire en dehors de son habitation, n'est-il pas plus sensible et plus exposé qu'un autre, moins bien soigné, aux refroidissements de la peau? Pourquoi donc traiter certains chevaux avec plus de précautions qu'on abrite certaines gens? N'est-il pas étrange de voir sur les promenades les grooms et les cochers plus légèrement vêtus que les animaux qu'ils conduisent? Est-ce à dire qu'il faut laisser les bêtes de luxe exposées sans abri aux intempéries? Non, certes, car on les soumettrait à des causes trop fréquentes de maladies; seulement une couverture simple enveloppant le corps suffit pour soustraire les animaux à l'action du froid et pour les accoutumer à supporter mieux les rigueurs de la saison d'hiver pendant les courses qu'ils doivent fournir. Cette idée est contraire à celle généralement admise par la gente des cochers et même dans le monde des sportmens; elle choquera donc bien des opinions. Devions-nous la taire à cause de cela? Nous ne l'avons pas pensé parce qu'elle repose sur des données hygiéniques et que celles-ci doivent prévaloir sur la routine. Ainsi, et pour nous faire bien comprendre, nous n'approuvons pas l'excès de précautions prises généralement pour soustraire le corps des chevaux de luxe aux effets des intempéries; mais nous recommandons, dans ce but, l'usage de couvertures simples, chaudes et amples; nous demandons, en un mot, qu'on abrite le corps d'un vêtement, mais nous ne voulons pas qu'on l'emmaillotte.

Lorsque les chevaux rentrent en sueur à l'écurie, l'usage de la couverture est salutaire après le bouchonnement; son emploi cependant demande quelques précautions. Pour bien comprendre l'utilité de la couverture de laine, rendons-nous compte de ce qui a lieu quand celle-ci est jetée sur le corps d'un animal en transpiration. La sueur est pompée par le tissu laineux; elle vient perler sous forme de gouttelettes à la face externe de la couverture, de sorte que la main placée entre le corps de l'animal et le vêtement perçoit une sensation de légère humidité seulement. Les choses se passent ainsi tant que la peau est en transpiration. Lorsque le corps est ressuyé, l'humidité extérieure de la couverture filtre à travers le tissu et ses deux faces sont mouillées. D'où il faut conclure que la couverture doit être remplacée par une autre après que le cheval a cessé de suer, sans cela la peau serait en contact avec un tissu humide qui lui procurerait une sensation défavorable à l'entretien de la santé. Empailler un cheval, nous l'avons dit dans un des chapitres précédents, est toujours une bonne méthode. On se trouve bien encore de laisser à nu le corps du cheval bien bouchonné jusqu'au moment où la transpiration s'est totalement effectuée et de n'avoir recours à la couverture qu'à l'instant où l'on craint que la peau ne se refroidisse. Le vêtement de laine communique alors au corps une nouvelle chaleur, il met obstacle au refroidissement.

Pendant la saison d'été, les insectes tourmentent les chevaux, et parmi ceux-ci les individus dits de luxe sont d'autant plus sensibles aux piqûres de ces insectes qu'ils ont le poil plus fin et la peau plus fine. L'usage de la couverture de toile est donc alors rationnel.

2° *Chevaux de gros trait.* — La grande culture ne fait peut-être pas assez usage de la couverture. Bien que les chevaux de gros trait soient moins sensibles aux effets du froid et aux variations atmosphériques que les chevaux de maître, ils contractent cependant aussi des affections des voies respiratoires dues à des transpirations cutanées subitement arrêtées. L'importance de cette précaution hygiénique devient évidente quand on se rappelle que les arrêts de transpirations sont les causes du plus grand nombre de maladies.

3° *Animaux de l'espèce bovine.* — Les femelles de l'espèce bovine, après la parturition, ont besoin, surtout pendant la saison d'hiver, d'être tenues chaudement. Aussi est-il bon de les vêtir, surtout vers les parties postérieures du corps, de couverture en laine. Le froid, après le vêlage, nuit à la délivrance ; le pis, fâcheusement impressionné, devient malade, et la sécrétion mammaire se trouve altérée. Ces accidents ont des conséquences assez graves pour qu'on ne néglige pas l'usage d'un soin hygiénique dont la mise en pratique est aussi simple que facile.

Pour que les couvertures restent fixées sur le corps des animaux, il est nécessaire de les maintenir à l'aide de liens. Ceux-ci doivent être assez larges et rembourrés de manière à ne pas blesser le garrot, endroit saillant, sur lequel ils posent Les plaies en cet endroit sont graves à cause du voisinage des éminences des vertèbres dorsales situées sous la peau. Les liens seront serrés autour du corps en arrière des coudes, seulement assez pour tenir la couverture en place. Trop sanglées, les courroies compriment les parois de la poitrine, gênent le libre jeu des côtes et partant nuisent à l'accomplissement régulier de la respiration. La dilatation de l'estomac y trouve aussi quelque obstacle au fur et à mesure que les aliments y arrivent pendant le repas.

B. *Harnais de travail.* — Le harnais de travail employé

pour les chevaux de trait se compose de plusieurs appareils ayant chacun leur utilité spéciale. On y distingue les agents de transmission de la volonté du conducteur à l'animal ; c'est *l'appareil de gouverne ;* différentes pièces composent ce qu'on appelle *l'appareil du tirage ;* enfin, il en est un troisième dit *appareil de reculer,* construit dans le but de permettre au cheval de trait d'imprimer aux véhicules un mouvement en arrière et qui s'oppose au glissement, trop rapide dans les descentes, du cheval employé soit comme limonier, soit comme bête de retraite. On connait généralement trop bien les diverses pièces qui constituent le harnais de travail pour que nous les décrivions ici ; il ne nous reste donc à parler de ce harnais que sous le point de vue hygiénique. Ce sujet a été traité, dans le nouveau dictionnaire lexicographique des sciences médicales et vétérinaires, avec la lucidité et la concision qu'on trouve dans tous les écrits des auteurs dont les noms sont accolés à ceux de docteurs émérites. Nous ne saurions mieux faire que de citer textuellement les opinions de ces savants sur *les conditions générales d'un bon harnachement.*

« Les conditions d'un harnachement bien fait sont les suivantes : 1° la légèreté associée à la solidité ; trop de poids fatigue en pure perte les animaux ; 2° le parfait rapport des différentes pièces qui le composent avec celles des régions qu'elles doivent recouvrir ; trop étroits, les harnais gênent les mouvements et ne permettent pas à l'animal de faire l'emploi de toutes ses forces ; trop larges, ils vacillent, causent des frottements, et par suite des blessures plus ou moins graves ; 3° la coaptation aussi exacte que possible des pièces du harnachement avec les surfaces du corps sur lesquelles elles s'appuient. Cette coaptation doit être établie par l'interposition entre la peau et les parties dures des harnais de substances élastiques qui amortissent les pressions sans causer de déperdition dans l'application des forces. »

« *Accidents qui peuvent résulter de l'application des harnais.* La mauvaise confection des harnais et leur adaptation mal calculée au corps des animaux de travail déterminent souvent, dans la pratique, des accidents dont quelques-uns sont extrêmement graves; ce sont des foulures, des excoriations, des abcès, des cors, des gangrènes plus ou moins étendues des téguments ou des parties sous jacentes et consécutivement des plaies fistuleuses souvent interminables, entretenues par la carie ou la nécrose des ligaments et des os, dans les régions sur lesquelles portent habituellement les pièces du harnachement. »

Les réflexions précédentes sur les conditions d'un harnachement bien fait et sur les accidents qui peuvent résulter de la bonne confection des harnais s'appliquent évidemment aux animaux dont le service est de porter à dos ainsi qu'aux bêtes bovines dont on utilise les forces. La bonne confection du harnais et la coaptation régulière de ses différentes piéces aux diverses parties du corps sur lesquelles elles sont appliquées ne sauraient trop fixer l'attention des hommes appelés à conduire les animaux de travail. Souvent un cheval refuse de déployer toute son énergie; il refuse un coup de collier dans un passage difficile, non pas par entêtement, non pas par mauvaise volonté, mais bien par cette seule raison qu'il est mal harnaché ou que les harnais le blessent. La rétivité d'un animal n'est quelquefois que le résultat de l'indifférence du conducteur à examiner si les appareils du harnachement sont dans les conditions nécessaires pour laisser aux muscles, agents de la force, leur liberté d'action. Nous recommandons donc aux charretiers intelligents et soigneux, avant d'infliger au cheval qui se rebute au travail une correction sévère, de se rendre compte de l'état des harnais et de bien s'assurer si il y a réellement de la part de l'animal mauvais vouloir, rétivité ou seulement gêne de mouvements due à une disposition vicieuse de quelque pièce du harnachement. N'est-il pas plus rationnel d'être, envers un cheval, qui est d'une si grande utilité, d'une prévoyance intelligente plutôt que d'une brutalité injuste et irréfléchie?

DE L'AMÉLIORATION

DES

ANIMAUX DOMESTIQUES.

CHAPITRE QUATRIÈME.

SECTION PREMIÈRE.

De l'amélioration. — Généralités.

L'expression amélioration, appliquée à nos espèces animales domestiques, a un sens que nous devons définir afin de nous faire bien comprendre. La confusion, dans l'étude des sciences, est souvent la conséquence d'une interprétation mal définie des mots dont on se sert. Améliorer un animal, ce n'est pas l'amener à posséder une harmonie de formes qui le rapproche le plus possible du type idéal de la beauté artistique; le caractère propre, le caractère unique des améliorations, ainsi que l'écrit M. Sanson avec le talent qui le caractérise, est que leur effet soit la satisfaction plus directe ou plus complète d'un besoin économique, de quelque nature spéciale qu'on le suppose d'ailleurs, par le développement d'une aptitude naturelle de l'individu amélioré, force musculaire, assimilation des aliments pour les transformer en viande, sécrétion du lait ou de la toison. Ainsi, et nous tenons à bien établir ce fait : il ne faut pas regarder comme synonyme, en zootechnie, les deux mots amélioration et perfectionnement, puisque quelquefois on améliore un animal en l'altérant même, selon la fin qu'on se propose. Le but qu'on veut atteindre dans l'amélioration, c'est de rendre l'être qui en est l'objet plus apte à ce qu'on exige de lui.

Quand on dit d'un homme, suivant l'idée de Labruyère, qu'il est propre à tout, cela signifie qu'il n'a pas plus de talent pour une chose que pour une autre, ou, en d'autres termes, qu'il n'est propre à rien. De même, un animal ne saurait être apte à fournir, avec avantage, tous les produits et tous les services que peuvent rendre les individus de son espèce; il est seulement médiocre dans la spécialité à laquelle l'homme le destine. Nos races animales ne jouissent pas du privilége de pouvoir être transformées à notre gré, de manière à ce qu'elles arrivent au plus haut degré d'aptitude pour tous les genres d'emploi. De même que l'universalité des connaissances n'est pas dans la nature de l'homme; de même il n'existe pas une race universelle et cela se conçoit puisqu'il y a des aptitudes qui s'excluent réciproquement. Ainsi le coursier qui fournit sur un hippodrome une course rapide ne saurait supporter la direction des limons d'un lourd véhicule; une vache forte laitière n'est point apte à prendre de la graisse. Ces considérations ont conduit à la création d'une doctrine zootechnique rationnelle dont M. Baudement a le premier établi les règles sous la dénomination de *spécialisation*. M. Sanson, s'appuyant sur la physiologie, a démontré toute la logique de cette nouvelle doctrine. Il est évident, dit-il en se résumant, que le développement de l'une des aptitudes au plus haut degré d'intensité qu'elle puisse atteindre, suppose nécessairement, en vertu de la loi de balancement organique, la réduction à leur plus simple expression de toutes les autres. Or, le but final de la zootechnie étant d'obtenir des animaux la plus forte quantité de produit qu'ils puissent donner, du moment qu'il est reconnu que ce résultat peut être seulement atteint par le développement complet de l'une de leurs aptitudes naturelles au détriment de toutes les autres, il va de soi que l'état de perfection pour une race est celui de la spécialité du produit, puisque, dans cette condition seule, elle peut atteindre la plus haute somme de production; il va de soi également que le même état de perfection pour l'ensemble des races qui composent le bétail d'un pays est celui dans lequel il y en a pour chaque spécialité de produit déterminée par les besoins économiques de la consommation. C'est là toute la doctrine de la spécialisation. Il y a donc, et ce fait est incontestable, des aptitudes différentes suivant les individus, et il existe entre la conformation et l'aptitude une connexion, une corrélation très-étroites. L'aptitude, c'est-à-dire la disposition organique et fonctionnelle en vertu de laquelle l'animal qui en est l'objet est plus propre, plus *apte* que tout autre pour un service ou un emploi déterminé, n'est pas toujours visible au dehors; bien qu'héréditaire à un haut degré, elle peut toutefois s'acquérir par l'éducation et le régime. Cependant la corrélation qui existe entre l'aptitude et la conformation générale de l'animal permet de déterminer, suivant l'habitude extérieure du corps, vers quelle spécialité l'individu peut être dirigé. Bien connaître quelles doivent être les conformations favorables à la perfection, autant que la perfection est possible ici-bas, est indispensable avant d'entreprendre des améliorations. La connaissance de ces caractères extérieurs pouvant puissamment aider à éloigner toute chance d'erreur, nous allons indiquer, pour chacune de nos espèces animales, les différentes conformations en rapport avec les services et les produits variés que nous exigeons d'elles.

A. *Espèce chevaline.* — Parmi les individus de l'espèce chevaline, nous distinguerons : les chevaux affectés spécialement au service de la selle; ceux dits d'attelage, utilisés pour les divers degrés du luxe; enfin les chevaux de trait, c'est-à-dire ceux employés soit au trait léger, soit au gros trait.

Cheval de selle. — Le cheval de selle, et nous prenons pour type, parmi les diverses nuances que cette appellation générale embrasse, le cheval de voyage, doit réunir dans sa conformation tous les caractères qui annoncent la force en même temps que l'agilité. Sa taille moyenne est de 1 mètre 50 centimètres environ; ses formes sveltes accompagnent des masses musculaires bien accusées; la solidité des membres se traduit par des articulations larges; bien que l'avant-bras et la jambe soient épais et larges, les régions inférieures des membres sont sèches, les cordes tendineuses s'y trouvent bien détachées. Afin qu'elle ne pèse pas à la main du cavalier, la tête du cheval de selle doit être courte, mais large à sa partie supérieure; l'encolure qui l'unit au tronc est belle quand elle est souple, suffisamment musclée, quand elle porte à son bord supérieur une crinière fine et longue, lorsqu'encore le bord inférieur présente de la largeur et que la trachée, ce tube à travers duquel l'air circule pour parvenir du dehors dans les poumons, et pour sortir de la poitrine, peut s'y loger à l'aise. Des côtes bien arrondies permettent aux organes respiratoires un jeu facile et ample; les reins seront larges mais courts, le flanc peu spacieux. Enfin, pour qu'il y ait vitesse dans les allures, il est nécessaire que l'épaule soit longue et oblique, que le garrot soit élevé et épais. De tels caractères de conformation sont à rechercher chez le cheval de voyage employé à la selle. Plus un animal destiné à ce genre de service se rapprochera ou s'éloignera de ce type de structure, plus aussi ses allures seront ou belles ou défectueuses. C'est donc vers cette conformation que devront tendre les efforts faits dans le but d'améliorer les chevaux de selle.

Cheval d'attelage de luxe. — La conformation du cheval d'attelage de luxe ressemble beaucoup à celle que nous venons de décrire; seulement chez le cheval d'attelage, la taille est plus élevée et les masses musculaires sont plus développées; il y a en lui, pour nous servir de l'expression usuellement admise, plus de gros. Ainsi que par l'imagination, on conçoive un cheval ayant la conformation du cheval de selle, mais avec plus d'épaisseur et de volume, et l'on se représentera le type du cheval d'attelage de luxe.

Cheval de trait léger. — Nous comprenons sous la dénomination de cheval de trait léger celui qui traine, à des allures rapides, des fardeaux assez lourds. C'est dans cette catégorie que se trouvent rangés les chevaux de poste et de diligence que l'établissement des chemins de fer ont d'un côté rendus moins nécessaires, mais que l'amélioration apportée à l'entretien des petites voies de communication a, d'un autre côté, mis à la place des lourds chevaux utilisés pour le transport des produits de l'agriculture. Pour accomplir convenablement son service, le cheval de trait léger doit arriver à une taille de 1 mètre 55 à 1 mètre 60 centimètres. Le corps examiné dans son ensemble est cylindrique et ramassé tout en conservant cependant des proportions établies. Une tête un peu longue n'est pas chez lui un défaut, surtout si elle est expressive et soutenue par une encolure forte. Les allures seront franches si le garrot est épais, bien sorti néanmoins; la ligne du dos droite et bien soutenue précède un rein large; la croupe charnue, double, est un peu inclinée; les fesses, les cuisses sont bien fournies. Des épaules longues et obliques, avec des membres musclés bien établis, dénotent tout à la fois de la vitesse et de la solidité. Il faut rencontrer dans le cheval de trait léger un poitrail large et des côtes rondes. Parmi nos races françaises, spécialement propres au service du trait léger, se placent celles dites : Percheronne et Bretonne.

Cheval de gros trait. — On ne saurait mieux caractériser le cheval de gros trait qu'en donnant la description du cheval Boulonnais, véritable type de la force. Taille de 1 mètre 58 à 1 mètre 68 centimètres; tête forte, épaisse; encolure chargée de muscles, élégamment contournée et ornée d'une crinière double; dos un peu incliné en contre-bas, un peu ensellé; reins larges et courts. Le corps pris dans son ensemble est court, trapu, très-épais; le poitrail très-ouvert rend la démarche un peu lente, mais il offre en revanche un large appui au collier; chez ce cheval, les épaules sont charnues, le garrot épais quoique élevé; la croupe double est fortement charnue, mais avalée; les cuisses sont formées de muscles très-puissants; des canons courts et épais des paturons peu allongés sont des indices de force et de solidité; enfin, comme les poumons ont besoin d'être logés dans une cage osseuse très-ample pour que ces organes puissent prendre le développement nécessaire dans les grandes inspirations que l'animal fait avant de déployer ses énergiques efforts musculaires, la poitrine doit avoir beaucoup de largeur et beaucoup de hauteur, ce qui revient à dire que les côtes chez le cheval de gros trait seront longues et rondes.

B. *Espèce bovine.* — Les animaux de l'espèce bovine sont destinés soit à fournir du lait, soit à partager avec nous les travaux de la culture ; tous indistinctement sont aussi appelés à fournir à l'homme une partie de sa nourriture. Bien que d'une manière générale les grands ruminants puissent être tout à la fois bêtes de rente et de produit, il ne s'en suit pas qu'ils possèdent les aptitudes qui les rendent aptes à satisfaire avantageusement à cette triple exigence. Par suite de circonstances dont nous aurons à parler bientôt, des aptitudes ont été acquises comme conséquence de la prédominance de jeu de certaines fonctions; et comme il y a entre l'aptitude et les organes qui la produisent une corrélation et une connexion intimes, il s'en suit bien évidement que la conformation ne saurait être la même suivant les différentes aptitudes. De là donc l'utilité d'étabir quels sont les caractères extérieurs des animaux bovins suivant la spécialité des services qu'ils doivent nous rendre.

Vache laitière. — Quel est le type de beauté qui correspond à la perfection pour la vache laitière? Il n'est peut-être pas en zootechnie de question qui ait donné lieu à autant de controverses? Pour certains auteurs, la vache laitière doit avoir de belles formes; pour d'autres, au contraire, l'aptitude lactifère entraine l'oblitération des formes et ils semblent d'autant mieux estimer un animal qu'il est plus mal conformé; enfin, on a poussé l'exagération jusqu'à nier qu'il y ait un type laitier, par cela seul que toutes les femelles donnent nécessairement du lait à la suite du vêlage. Laissons de côté ces exagérations pour demander nos renseignements à des hommes, sérieux observateurs des faits pratiques et sincères traducteurs de leurs opinions. Sans aucun doute, l'aptitude lactifère est différente suivant les individus et suivant une multitude de causes se rattachant soit au mode d'entretien du bétail, soit aux circonstances qui les entourent; mais cela ne détruit pas qu'il doive y avoir des caractères généraux indiquant la disposition d'une femelle bovine à secréter le lait avec abondance. Eh quoi, vous admettez un type, duquel vous rapprochez la conformation du bœuf de travail; vous indiquez à quels signes on peut reconnaitre l'animal prédisposé à l'engraissement facile et vous ne voulez admettre que la vache laitière ait aussi ses caractères? Ce n'est certes pas là de la logique. L'aptitude lactifère se traduit chez les femelles de l'espèce bovine comme les autres aptitudes s'accusent sur les autres animaux.

Les conditions qu'on doit exiger d'une vache, bonne laitière, sont ainsi résumées par M. Richard (du Cantal) : Peau souple, moelleuse, mince et très-détachée des tissus sous-jacents, surtout des côtes; poils fins, rares, lisses, luisants et bien développés, des naseaux bien ouverts, de grands yeux recouverts par des paupières amincies, très-souples, très-mobiles et ornées de longs cils; les cornes doivent être minces, blanches ou noires, luisantes et d'un tissu serré très-compacte; encolure amincie, pourvue d'un fanon très-petit ou nul; côte arrondie, poitrine vaste, épaules obliques, corps allongé, apophyses du dos apparentes et séparées, les reins et la croupe larges sont une belle qualité, mais une vache bonne laitière peut ne pas avoir cette conformation. Les cuisses sont souvent plates, les extrémités doivent être minces, fines, les tendons bien dessinés. La queue doit être amincie, le ventre moyennement volumineux. Cependant on trouve d'excellentes laitières avec un abdomen très-développé. Les veines mammaires qui sont sous cette région et qui, partant du pis, se dirigent en avant pour se prolonger dans ses parois, sont quelquefois considérées par leur développement comme un bon signe. Le pis doit avoir la peau mince, très-souple, recouverte d'un duvet rare et fin; il doit être volumineux avant la traite, très réduit quand elle a eu lieu. Les quatre trayons doivent être bien espacés et bien marqués. Du reste, d'après sa constitution générale et sa nature, la vache doit paraître d'un caractère doux et vif en même temps. Tels sont les signes auxquels, suivant M. Richard (du Cantal), on reconnaît en général une bonne vache laitière.

Viennent ensuite les marques particulières indiquées par différents auteurs. Ainsi pour les frères Guenon, c'est l'écusson situé au périné de la vache, entre les mamelles et les organes génitaux externes, ainsi que les épis qui circonscrivent l'écusson : pour M. Magne, l'écusson seul ne suffit pas, il faut encore s'attacher aux veines du périnée et à celles du pis. Ces systèmes, développés par leurs auteurs dans des écrits spéciaux, ne sauraient trouver place ici où nous ne mentionnons que les caractères généraux qui permettent de reconnaître l'aptitude laitière; nous renvoyons donc pour de plus amples renseignements aux traités particuliers.

Bœufs de travail. — Chez le bœuf de travail, la tête est grande et solide, l'encolure est épaisse et fortement musclée; les parties antérieures du corps sont développées mais non chargées, les parties postérieures sont moins larges et moins épaisses; la ligne dorsale se trouve inclinée d'arrière en avant, et cette disposition, comme l'observe avec juste raison M. Eug. Gayot, est favorable au mode d'emploi des forces, car elle ajoute au poids qu'il est nécessaire d'accumuler dans l'avant-train; les membres sont longs et osseux, amples sous le genou et le jarret, nettement accusés dans les articulations. La queue est grosse, le poitrail est large; considéré dans son ensemble, le corps du bœuf de travail est anguleux de toutes parts, mais tous ces angles sont autant de signes apparents de la force; les masses musculaires situées sous la peau sont nettement accusées, elles sont fermes, solides et rigides. Ainsi toutes les parties du corps d'un bœuf de travail sont agencées de telle sorte qu'elles sont favorables à la production et au développement des forces musculaires.

Conformation du bœuf de boucherie. — Tous les animaux bovins, avons-nous dit précédemment, sont destinés, quand une cause accidentelle ne vient pas arrêter le cours de leur existence, à fournir leurs chairs pour l'alimentation de l'homme, mais tous ne sont pas livrés exclusivement au régime de l'engraissement; il en est, et le nombre est très-grand, qui rendent des services ou donnent des produits pendant quelques années avant de recevoir cette destination; il en est aussi qui ne vivent que pour acquérir le plus promptement possible l'embonpoint et l'état de graisse qui leur donnent du prix à l'abattoir. Vouloir pousser à l'engraissement un animal qui n'est pas conformé pour atteindre assez facilement le but qu'on se propose, c'est s'exposer à dépenser, sans avantages, des aliments qu'on pourrait mieux utiliser. Il y a, pour la bête bovine dite de boucherie, des caractères de conformation qui autorisent à espérer que son entretien et son engraissement seront fructueux.

Chez le bœuf de boucherie, les membres sont courts et la taille peu élevée; encolure relativement mince et peu musclée; tête fine, courte, avec cornes peu développées; les os seront petits et légers; le tronc ample dans tous les sens; peau mince, souple, poil fin, luisant, repli de la peau sous la poitrine (fanon) peu développé; physionomie calme et douce, regard paisible. Cet aperçu de la conformation à rechercher chez le bœuf de boucherie suffit pour faire comprendre qu'on tend à éliminer, autant que possible, les parties du corps qui ne sont point de la viande, telles que les os, et ce qu'en terme de boucherie on appelle les issues; qu'on s'attache à donner peu de développement aux régions musculaires dont la qualité est inférieure, et qu'enfin on tend à faire accroître celles qui fournissent à l'étal les morceaux qu'on classait autrefois dans la première catégorie.

Espèce ovine. — En général, nous n'entretenons les animaux de l'espèce ovine que pour la production de la laine et de la viande; ce n'est que très-exceptionnellement que, dans certaines localités, on se sert de leur lait pour la fabrication des fromages. L'exploitation du mouton n'est pas plus exclusive au point de vue de la laine qu'à celui de la viande ; aussi s'est-on beaucoup occupé, surtout depuis peu, de chercher à créer le mouton unique, c'est-à-dire celui qui réaliserait à la fois, dans une mesure suffisante, les deux aptitudes de l'espèce. Plusieurs personnes sont même fortement convaincues qu'elles y ont réussi. Voici à cet égard l'opinion de M. Sanson : Constatons seulement, dit cet auteur, le fait dès à présent, en faisant remarquer, à notre point de vue actuel, que l'économie rurale de la France ne comporte point l'adoption d'un type unique de l'espèce ovine, capable de fournir à la fois de la belle laine en abondance et beaucoup de viande. Il est permis de prévoir sans doute ce résultat pour un avenir plus ou moins éloigné. Le progrès agricole aura pour conséquence de niveler les situations et de nous mettre en position de pouvoir lutter victorieusement contre les influences du climat ; mais de telles conditions ne se réalisent point de prime saut. Nous approuvons en tous points cette opinion parce qu'elle est assise sur des considérations physiologiques. L'alimentation copieuse, administrée au mouton dans le but de le pousser à l'engraissement ou seulement au développement de ses masses musculaires, porte aussi son action sur la peau, elle grossit le brin de la laine. On ne pourra donc parvenir à créer le type unique dans l'espèce ovine qu'au détriment de la finesse de la toison ; mais en de telles conditions, le brin prend de l'accroissement. S'il est vrai, ainsi qu'on semble le croire, que les laines propres au peigne, les laines dites longues, tendent à se substituer, dans l'industrie des tissus, aux laines propres à la carde ou laines courtes, on arrivera à pouvoir améliorer l'espèce ovine, au point de vue exclusif de la viande qui pousse précisément à la production de ces laines longues.

Pour établir, au point de vue zootechnique, le plus beau type de l'espèce ovine, la considération ayant rapport à la laine devient accessoire, l'organisation de la peau n'étant nullement sous la dépendance obligée de la conformation. Le type que nous allons décrire d'après M. Sanson demeure compatible avec l'une comme avec l'autre des deux aptitudes de l'espèce ovine : la production de la laine et la production de la viande.

Le type de la beauté chez le mouton se rapporte exclusivement à la conformation et se détermine uniquement en vue de la destination finale de l'espèce qui est de fournir sa viande à la consommation. Pour répondre le mieux possible à sa destination finale, sans nuire même aucunement à l'accomplissement de sa fonction immédiate comme producteur de laine, le mouton doit d'abord offrir, quelle que soit sa taille, un corps ample avec des extrémités fines ; tête fine avec chanfrein droit ou très-facilement busqué, naseaux humides, mais dépourvus de mucosités épaisses et agglutinées; œil grand, vif et clair, d'une expression douce, avec la sclérotique d'une blancheur éclatante, conjonctive rosée, sans sécrétion de larmes exagérées, cornes absentes ou peu développées, régulièrement contournées de manière à n'être trop prolongées, ni en dehors ni en dedans, et à ne pas enserrer la face entre leurs spirales. Le mieux est qu'elles n'existent point et le but doit être de les faire disparaître toujours. Nuque et col courts et minces, garrot épais, sans aucune saillie et plutôt avec un léger sillon qui continue dans toute l'étendue de la ligne du dos, des reins et de la croupe, celle-ci étant plane, large, bien fournie de muscles, soutenue, sans aucune dépression en arrière de ce qu'on appelle le *râble*. Epaules bien musclées, écartées l'une de l'autre, appliquées sur une poitrine ample, large et profonde, aux côtes arrondies, bien uniformément arquées dans toute l'étendue de la cavité pectorale, de telle sorte qu'aucun sillon vertical ou dépression quelconque n'existe en arrière des épaules. Dos et reins larges et charnus, ventre bien arrondi, ni pendant ni relevé; hanches écartées, croupe droite jusqu'à la naissance de la queue, flanc court sans aucune dépression. Membres avec aplombs réguliers mais courts, secs et aussi fins que possible, corne des pieds noire et solide; chacun des pieds, l'animal étant bien posé, se trouve à l'un des quatre angles d'un parallélogramme qui représente la base de sustentation. Sur cette conformation, on peut mettre une toison de diverses qualités; cela n'importe en aucune façon à la détermination du type de la beauté. Il suffit que la peau soit au moins d'une épaisseur moyenne, souple et douce d'élasticité, qu'elle ait une teinte rose vif et que la laine y soit solidement implantée.

Le type de la belle conformation étant ainsi fixé, il est facile de comprendre que ces dispositions se prêtent aussi bien à l'une qu'à l'autre des deux fonctions économiques de l'espèce ovine.

Espèce porcine. — Les animaux de l'espèce porcine sont élevés et entretenus afin qu'ils fournissent leur viande à la consommation de l'homme et qu'ils reproduisent leurs races; le but final auquel ces êtres doivent arriver est un, c'est l'engraissement. Aussi la conformation est-elle belle lorsqu'elle fait espérer une prédisposition à l'engraissement facile. Il en est des porcs comme de tout autre animal de boucherie, il faut qu'il ait un grand développement des parties du corps qui fournissent de bons morceaux, des morceaux de première catégorie; il faut qu'il ne possède qu'en petite proportion les parties comprises dans les issues, c'est-à-dire celles qui ne rendent pas à l'étal. Eloignons, autant que faire se peut, les individus à groin allongé et développé; rendons l'ossature aussi légère que possible; efforçons-nous de donner au train postérieur une largeur égale à celle que comporte le train antérieur; que le dos soit large, les reins courts et amples, les fesses fortes et la croupe bien développée. Pour l'engraissement, écrit M. Sanson, comme pour l'élevage, on choisira de préférence les porcs longs, à corps cylindrique, aussi droit que possible, ayant la peau propre, assez fine, à soies claires et brillantes et ayant l'air bien éveillé.

Telles sont les différentes conformations de nos principales espèces animales qui, si elles ne représentent pas des beautés artistiques, accusent néanmoins des dispositions aux aptitudes que nous avons intérêt à rencontrer en elles. Le tableau comparatif des variétés de conformation suivant les services ne prouve-t-il pas qu'on ne saurait décrire un type étalon pour chacune de nos espèces animales, type de la beauté idéale ? Ne résulte-il pas aussi de ce tableau que nous avions raison de dire tout à l'heure que sur terre il n'y a pas de race universelle, et que le système de la spécialisation est un système rationnel autant qu'économique? Vouloir astreindre à un genre de service ou à un genre de produit des animaux qui n'y sont point aptes, c'est prendre une fausse route qui ne saurait conduire au succès. Que de fois n'avons-nous pas vu depuis vingt ans des cultivateurs peu éclairés faire en pure perte des dépenses de nourriture pour pousser à l'engraissement des bêtes qui n'y étaient nullement aptes par suite de leur conformation ; à peine sont-ils arrivés à produire de l'embonpoint avec une somme de nourriture qui eut déterminé l'engraissement chez des êtres ayant de l'aptitude à ce genre de produits.

Si nous nous rappelons ce qu'on doit entendre par amélioration, en zootechnie, nous remarquerons que ce mot est le synonyme de progrès. Bien que tous les efforts de l'homme doivent tendre vers un bien-être plus complet, et que pour parvenir à ce but il lui faille diriger les animaux qui l'entourent et le servent, il est néanmoins certaines considérations auxquelles il doit s'arrêter avant de rien entreprendre. Faute de réfléchir mûrement, on s'engage dans une fausse route de laquelle on ne peut sortir qu'à force de sacrifices. Avant donc de prendre le parti d'améliorer le bétail de son exploitation, le cultivateur prudent et intelligent se demande si les animaux, entretenus depuis longtemps par les agriculteurs de la localité, remplissent bien le but économique pour lequel on les entretient. Si c'est oui :

pourquoi alors vouloir tenter une entreprise qui présente quelques chances défavorables et ne pas conserver les races animales dans l'état où elles se trouvent ? Si c'est non : il faut sans aucun doute chercher à les transformer ou à les changer. Une fois la question d'utilité bien raisonnée, il importe de connaître dans quel sens l'amélioration doit être dirigée. Pour cela il est nécessaire d'étudier le climat du pays; la composition géologique du sol, la quantité de nourriture de laquelle on peut disposer pour le bétail, et aussi de savoir quels sont les débouchés qu'on rencontrera pour l'écoulement des produits. Toutes ces considérations sont d'une grande importance. L'étude des animaux, sous les différents climats, prouve évidemment l'action de la température sur le corps des êtres organisés. Variable est l'habitude extérieure des animaux selon qu'ils habitent une contrée froide ou une zône septentrionale. C'est là un fait d'histoire naturelle signalé depuis longtemps par les observateurs; sous une température froide comme sous une température très-chaude, les animaux sont petits. Nous citerons comme exemple : d'un côté, les chevaux de la Russie, à formes sèches et ossature légère; d'un autre, les chevaux de la Corse et d'Afrique. Le climat tempéré, le plus favorable au développement des quadrupèdes, donne de la taille et du volume au corps. L'influence du climat se fait sentir non pas seulement sur l'habitude extérieure des animaux, elle exerce aussi une action sur la nature et la qualité des plantes que le sol produit. Une autre cause concourt à donner aux végétaux destinés à l'alimentation du bétail des qualités différentes, c'est la composition même du sol. Qui ne sait que les plantes récoltées sur un terrain humide sont aqueuses, grosses, qu'elles nourrissent peu sous un grand volume ; que celles au contraire qui végètent sur un sol sec sont fines, peu élevées mais très-alibiles. Il est de toute évidence qu'un animal auquel il faut imposer des privations, parce que la nourriture manque, ne saurait acquérir ou conserver de belles formes, rendre des services et fournir des produits. C'est une faute grave de tenter la moindre amélioration si on ne s'est préalablement occupé des moyens de produire ou de posséder des aliments en abondance. L'aptitude à l'engraissement, l'aptitude à donner du lait, comme aussi les qualités de la toison des bêtes ovines, dépendent en grande partie du climat et de la nourriture. Afin, enfin, de bien se fixer sur le genre d'amélioration que l'on peut tenter, n'est-il pas nécessaire de connaître les besoins des pays avec lesquels se contractent les transactions commerciales et aussi les facilités des moyens de transport ? A quoi servirait de produire à peu de frais des denrées dont on ne trouverait pas l'écoulement ou pour lesquelles il faudrait faire de grands frais avant d'atteindre le centre industriel où elles se demandent ? Enoncer sommairement, comme nous le faisons, de telles considérations, suffit sans aucun doute pour en faire comprendre toute l'importance. Agir sans réflexion, vouloir atteindre un but sans s'être occupé d'abord des facilités et de la possibilité de réussite, c'est s'exposer le plus souvent à des chances d'insuccès et à des pertes d'argent non seulement onéreuses, mais encore décourageantes.

SECTION DEUXIÈME.

Des différentes améliorations et de l'amélioration individuelle.

En zootechnie, nous l'avons dit précédemment, on entend par amélioration les moyens propres à rendre un animal plus apte à nous fournir avec avantage des services ou des produits ; il s'ensuit que les améliorations peuvent être ou individuelles ou collectives. On améliore un animal spécialement ; on améliore une race en général. Occupons-nous d'abord de l'amélioration individuelle.

1° *De l'amélioration individuelle.* — Les animaux que l'homme a soumis aux exigences de la domesticité ne sont pas, ainsi que le prétendait Descartes, des êtres dépourvus d'instinct, d'intelligence et de mémoire ; ce ne sont point de véritables machines organisées de telle sorte que les impressions diverses, les sons, les saveurs, les odeurs, la lumière, suffisent pour les mettre en mouvement. Mieux étudiés, ces êtres sont de nos jours mieux appréciés et l'on reconnait en eux des facultés instinctives et des facultés intellectuelles. L'instinct chez les animaux se compose d'actes résultant d'une faculté innée, d'une force irrésistible toujours la même dans une même espèce. Cette faculté chez les animaux supérieurs a principalement trait d'une part à la garde et à l'entretien de l'individu ; d'une autre part à la reproduction de l'espèce, à la protection à fournir aux jeunes sujets, et enfin à la distribution de soins dont a besoin la progéniture depuis la naissance jusqu'au moment où elle peut se suffire à elle-même. De là *l'instinct de conservation et l'instinct de reproduction.*

Ils obéissent à la première de ces deux facultés ; les animaux qui, laissés sur des montagnes couvertes de neige, se laissent glisser sur le versant et remontent ensuite tout en broutant l'herbe qu'ils ont mise à découvert ; c'est l'instinct de reproduction qui pousse la femelle, éloignée de son petit, à manifester son chagrin par des cris plaintifs. Il est donc incontestable que tous les animaux domestiques sont doués d'instincts à l'empire desquels ils ne peuvent se soustraire. Mais ces mêmes êtres n'ont-ils pas aussi une autre faculté morale à laquelle on peut donner le nom d'intelligence ?

L'intelligence, dit M. Colin, est une faculté essentiellement perfectible, variable suivant les espèces et modifiable par l'âge, l'éducation et une infinité de circonstances diverses. M. Flourens établit en ces termes la distinction qui existe entre l'intelligence et l'instinct : l'opposition la plus complète sépare l'instinct de l'intelligence. Tout, dans l'instinct, est aveugle, nécessaire et invariable ; tout dans l'intelligence est électif, conditionnel et modifiable... Le cheval, le chien, qui apprennent jusqu'à la signification de plusieurs de nos mots, et qui nous obéissent, font cela par intelligence ; tout dans l'instinct est inné, tout dans l'intelligence résulte de l'expérience et de l'instruction. Le chien n'obéit que parce qu'il l'a appris ; tout y est libre : le chien n'obéit que parce qu'il le veut. Enfin, tout dans l'instinct est particulier, tout dans l'intelligence est général, car cette même flexibilité d'attention et de conception que le chien met à obéir, il pourrait s'en servir pour faire toute autre chose.

Cuvier entre dans des développements encore plus intimes: « Les animaux les plus parfaits, a-t-il écrit, sont infiniment au-dessous de l'homme pour les facultés intellectuelles, et il est cependant certain que leur intelligence exécute des opérations du même genre.... En domesticité, ils sentent leur subordination, savent que l'être qui les punit est libre de ne pas le faire, prenant devant lui l'air suppliant quand ils se sentent coupables ou quand ils le voient fâché.... ils se perfectionnent ou se corrompent dans la société de l'homme ; ils sont susceptibles d'émulation et de jalousie.... En un mot, on aperçoit dans les animaux supérieurs un certain degré de raisonnement avec tous ses effets bons ou mauvais, et qui parait être à peu près le même que celui des enfants lorsqu'ils n'ont pas encore appris à parler. »

Enfin, écrit encore M. Flourens : « Les animaux reçoivent par leurs sens des impressions semblables à celles que nous recevons par les nôtres ; ils conservent, comme nous, la trace de ces impressions ; ces impressions conservées forment pour eux, comme pour nous, des associations nombreuses et variées ; ils les combinent ; ils en tirent des rapports ; ils en déduisent des jugements ; ils ont donc de l'intelligence. »

Ainsi, il demeure aujourd'hui établi d'une manière certaine que les animaux supérieurs n'ont pas seulement de l'instinct, mais qu'ils sont doués aussi de facultés intellectuelles moins développées, moins parfaites assurément que celles dévolues à l'espèce humaine.

Puisque les animaux ne sont pas des automates agissant machinalement et sans conscience, puisque leurs actions ne sont pas seulement instinctives, mais qu'elles résultent le plus ordinairement du raisonnement ou mieux de l'intelligence, l'homme ne doit point exercer envers eux des violences irrationnelles pour obtenir les services qu'il leur demande. C'est à leur entendement qu'il faut s'adresser. Une plus grande somme d'intelligence nous a été accordée par le Créateur. Usons donc de notre suprématie pour parler à l'intelligence bornée des bêtes et pour leur communiquer nos volontés. Se laisser aller à des excès de mauvais traitements envers les bêtes, nos esclaves, c'est se conduire comme si on n'avait pas plus de facultés intellectuelles qu'elles; c'est se ravaler, c'est se placer à l'égal de l'animal qu'on maltraite.

« Les lois de la nature, la supériorité d'intelligence qui a été donnée à l'homme, ont soumis les animaux à son empire; il lui est permis d'en user, mais non d'en abuser. La plus chétive créature a droit comme nous à la protection du Créateur; et plus la raison de l'homme l'élève au-dessus de la brute, plus c'est pour lui un devoir d'être bon envers tous les êtres vivants. » (F. Villeroy.)

Que faisons-nous des animaux conduits avec brutalité? Des êtres stupides, méfiants, indociles, ne rendant que de mauvais services ou donnant peu de produits. Presque tous nos animaux domesttques naissent avec un caractère doux, facile à se plier; ils ne deviennent méchants, irascibles, fiers, d'une colère vindicative que lorsqu'ils ont été maltraités. Alors leur haine pour l'espèce humaine est poussée si loin que, toujours sur le qui vive, prêts à se défendre, ils voient un ennemi même dans la main qui les caresse. Que de faits on pourrait citer où des conducteurs ont été les victimes de la colère qu'ils avaient malencontreusement fait naître chez leurs chevaux.

Maltraités sans raison, les animaux, nous l'avons déjà dit, deviennent stupides et ne rendent que de mauvais services ou ne donnent que peu de produits. De là, la nécessité, sous le rapport de l'hygiène et de l'amélioration, d'éloigner d'eux tout acte de brutalité et de les conduire, non pas comme des automates, comme des machines ou comme des insensés, suivant l'idée de Diogène, mais bien comme des êtres sensibles et intelligents à différents degrès. Par cette mesure on parvient à les maintenir en santé ; on prolonge le temps de leur existence ; on rend leurs produits plus abondants, leurs travaux plus avantageux et leurs services plus agréables. Ajoutons encore que la protection que la société doit aux animaux est recommandée par la morale. C'est avec les progrès survenus dans la civilisation que les mesures propres à réprimer la brutalité envers les bêtes se sont perfectionnées. Les Anglais, nous ne saurions le nier, sont nos maîtres dans les méthodes à suivre pour améliorer les animaux domestiques. Aussi les voyons-nous solliciter, avant nous, de leur gouvernement, l'adoption des mesures répressives contre les mauvais traitements envers les bêtes. L'exemple de l'Angleterre ne tarda pas à être suivi en France. Nous avons aujourd'hui une loi, dite *Loi Grammont*, qui punit les auteurs de mauvais traitements exercés sur les animaux, et une société dite *société protectrice des animaux*, qui récompense chaque année les conducteurs pour les bons soins qu'ils ont donnés à leurs attelages; cette même société accorde aussi des distinctions aux inventeurs d'appareils propres à rendre les travaux moins pénibles, moins douloureux; elle s'efforce enfin d'inculquer aux charretiers, aux valets de ferme, des habitudes de douceur, de patience, et d'éloigner de cette classe de la société encore trop aveugle, la tendance à la brutalité.

Ce progrès fait dans la manière de gouverner les animaux est, à notre avis, la meilleure mesure à employer pour l'amélioration individuelle de ces êtres dont l'intelligence est moins avancée que la nôtre. Pourquoi serions-nous sévères envers les animaux, puisque nous comprenons que nous devons être indulgents envers les enfants, chez lesquels l'intelligence se développe au fur et à mesure qu'ils grandissent ?

Il y a des gens qui, poussant toute chose à l'extrême, critiquent l'indulgence qu'on réclame pour les animaux et demandent si bientôt l'homme ne sera pas le très-humble serviteur de son cheval et le valet de son chien. Un tel raisonnement n'est assurément pas assez sérieux pour mériter une réfutation. Nous admettons en principe que l'homme doit faire reconnaître son autorité, mais nous voulons que pour y arriver il n'ait pas recours à la brutalité. On rencontre, sans doute, dans l'espèce animale, et n'en est-il pas quelquefois de même dans l'espèce humaine, des caractères méchants, intraitables. Il y a de ces êtres qui ont besoin d'être conduits durement, avec lesquels il ne faut jamais faiblir. On a toujours raison de corriger un animal aussitôt qu'il a commis une faute, car cet animal a de l'intelligence, et il évitera de retomber dans la même faute ; toutefois, le châtiment sera appliqué sans colère, sans mouvements furieux, afin que le patient ne s'irrite pas lui-même et qu'il ne rende point coups pour coups. C'est donc en s'adressant à leur intelligence, c'est aussi en étudiant leurs habitudes, leur conformation que l'homme doit conduire et gouverner les animaux. Ce n'est point à l'individu matériel qu'il lui faut s'adresser, mais au moral de cet individu, et ce qu'il lui demandera sera en raison de la somme d'intelligence qui lui aura été accordée. Toutes les espèces animales n'ont point reçu du Créateur une intelligeuce égale, et celle-ci varie encore dans une même espèce, selon les individus. Parmi nos animaux domestiques, le chien semble occuper la première place, puis viennent le cheval, le bœuf, le porc et le mouton. Cette classification nous indique qu'il convient de varier nos exigences suivant les espèces d'abord, et puis suivant les individus auxquels nous nous adressons. L'homme intelligent qui approche des animaux doit faire preuve de discernement dans l'appréciation des services qu'il veut en obtenir. Pour cela, il faut qu'il étudie l'animal et qu'il reconnaisse ce que le mutisme de son subordonné ne peut lui dire. C'est parce qu'il n'en est souvent pas ainsi que les bêtes de travail s'usent vite ou sont considérées comme manquant de qualités.

Si nous voulons obtenir des animaux de bons et longs services, nous devons ne pas mettre obstacle à l'accomplissement de leur aptitude. Un cheval, pris entre tous, n'est pas apte à remplir tous les emplois assignés aux individus de son espèce. Il doit à son caractère, à ses penchants, à sa conformation, d'être propre à tel service spécial ou d'occuper telle place dans un attelage. Demandez à cet animal un travail pour l'accomplissement duquel il n'est pas conformé ou n'a nul penchant, vous le verrez faire ou péniblement, ou maladroitement, la tâche que vous lui imposez; quelquefois même il s'y refusera avec obstination, ou bien encore sa contrariété se manifestera par un notable et prompt amaigrissement et par une usure prématurée. Pour l'homme non observateur, pour le conducteur inintelligent, ce cheval est mauvais; il ne sait pas travailler, il faut le remplacer. Mais qu'on mette ce même animal à la place qui lui convient d'occuper; qu'on l'utilise au genre de service auquel il est propre par sa conformation et ses aptitudes, il reprendra son embonpoint, il s'emploiera avec ardeur, il sera enfin un bon cheval. Cela revient à dire que les connaissances de l'homme font beaucoup pour l'amélioration individuelle des animaux.

L'étude du caractère de l'animal est d'une grande importance pour arriver à ce but. On rencontre, cela est encore vrai, chez les bêtes, des natures rebelles qui se refusent à toute espèce de travail; mais ces natures sont des exceptions, et elles sont rares.

Les animaux réputés indomptables ne le sont, le plus ordinairement, que par la faute des hommes qui les ont approchés dès le principe ou les conduisent chaque jour. Tout être vivant a son caractère : l'un est fier, sensible aux reproches et aux mauvais traitements ; l'autre, au contraire, est d'un tempérament lympathique ; il est apathique, indolent, insouciant aux caresses, indifférent même aux corrections. Parmi les animaux, il s'en trouve envers lesquels on doit employer la douceur ; il en est d'autres qu'on ne saurait maîtriser sans user de sévérité. Lors donc qu'on veut demander à un animal un service proportionné à ses forces, il est de toute nécessité de connaître s'il est apte à l'effectuer. S'il n'est pas, dans l'action, ce qu'il pourrait être, il faut s'adresser à son naturel, l'étudier, et user de procédés différents suivant son caractère. C'est parce qu'on néglige de prendre ces précautions qu'on ruine les chevaux de bonne heure, qu'on en fait des bêtes rétives, impropres à toute espèce de service. Pour améliorer les animaux individuellement, il est indispensable que l'homme se serve de sa propre intelligence ; il faut aussi qu'il se souvienne que les bêtes auxquelles il s'adresse ont été dotées par la nature de facultés intellectuelles, moins perfectionnées, assurément, que les siennes. Combinant entre elles ces deux considérations, il arrive à retirer plus de profit de l'emploi de leurs forces, il obtient des produits plus avantageux et de plus longue durée, surtout s'il entoure de soins hygiéniques, indispensables pour leur conservation et pour leur bien-être, les animaux qu'il possède.

SECTION TROISIÈME.

De l'amélioration des races par les agents extérieurs.

Nous nous sommes occupés, dans le chapitre précédent, de l'amélioration individuelle des animaux domestiques ; nous avons exposé quelques-unes des considérations qui doivent diriger l'homme intelligent dans cette entreprise. Pour que ces considérations soient complètes il eût fallu, sans doute, entrer dans des détails plus circonstanciés ; mais nous aurions alors été amenés à des redites n'ayant pour elles que le désagrément de la longueur et de la redondance ; c'est pour éviter ces répétitions que nous avons omis, à dessein, de parler des conditions hygiéniques à l'aide desquelles on parvient à améliorer les animaux individuellement. Ces conditions hygiéniques procurent les mêmes progrès quand elles s'adressent aux races considérées d'une manière générale. Aussi faut-il appliquer aux individus ce que nous allons dire de l'amélioration des races animales par certains agents extérieurs.

Pour améliorer les animaux par les agents extérieurs, dit M. Magne, il est nécessaire de connaître quelles sont les modifications qu'il faudrait apporter dans les organes ; de savoir quelle est l'action que les aliments, le sol, l'exercice exercent sur les appareils organiques et sur l'exercice des fonctions. Eh bien, ces connaissances que la science procure assurément peuvent aussi être acquises par la simple observation de ce qui se passe sous nos yeux. Avant d'étudier l'amélioration des races animales domestiques, il nous faut définir ce que, en zootechnie, on doit entendre par le mot race.

En histoire naturelle on donne le nom de race à des variétés de l'espèce dont les caractères distinctifs sont assez fixes pour se transmettre par la génération indépendamment des circonstances au milieu desquelles les animaux sont accouplés. Il faut pour bien caractériser une race qu'il y ait puissance d'hérédité, constance et fixité dans les caractères individuels. On ne saurait trop appeler l'attention des éleveurs sur cette définition de la race. Bien comprise en effet elle évite des essais aussi infructueux qu'onéreux. Si l'on considère comme race nouvelle de simples variétés survenues dans l'espèce, sous l'influence d'une cause quelquefois inconnue et souvent due au hasard, on s'expose à des déceptions en prenant les individus qui présentent ces caractères éphémères comme types reproducteurs. Cette manière d'agir fait qu'on obtient par la reproduction des sujets semblables à leurs proches parents et qu'on n'a, le plus souvent, que des rejetons ayant de la ressemblance dans les formes et les aptitudes avec quelque ascendant des reproducteurs eux-mêmes. A notre époque, on est trop enclin à multiplier sous le nom de races, de simples particularités spéciales à certains individus. Ainsi dans les concours régionaux ou universels qui ont eu lieu a-t-on été désagréablement surpris de la multiplicité des dénominations de races appliquées à des variétés, n'ayant pas de constance, de fixité, survenues chez des individus de nos espèces animales domestiques. Entraînés par le charme de la nouveauté, certains exposants ont, non-seulement trouvé de nouvelles races, mais ils ont aussi créé des *sous-races*. Vraiment c'était à n'y plus rien connaître. Où s'arrêtera-t-on si les choses sont ainsi conduites ! Nous le répétons à dessein afin de bien établir ce qu'il faut entendre, en zootechnie, sous la dénomination de race : « Races et pureté d'origine doivent être synonymes et on ne doit réserver le nom de race qu'à un ensemble d'individus de la même espèce, offrant des caractères communs de conformation et d'aptitude, et s'étant toujours accouplés entre eux pour perpétuer ces caractères, qui sont par ce fait, dans les conditions normales, infailliblement transmissibles par la génération. » (A. Sanson).

Ce point de toute saine zootechnie étant bien établi, nous arrivons à faire remarquer, qu'à chaque instant, sous nos yeux, peuvent être constatées les influences exercées sur les modifications des races par les agents hygiéniques tels que : la nourriture, le sol, l'exercice du corps et l'exercice des organes.

A. *Influence de la nourriture pour l'amélioration des races.* — Les aptitudes et la conformation des animaux sont l'expression exacte de la nourriture qu'ils consomment. Pour ne citer qu'un fait à l'appui de cette donnée zootechnique, examinons ce qui a lieu dans cette partie de la France qu'on appelle le Perche. Le cheval dit Percheron n'est pas le produit naturel du sol; il a été formé lorsque l'homme, par les progrès de la culture, a pu ajouter à l'influence naturelle des pâturages, l'influence artificielle de bons aliments distribués à la crèche. Les cultivateurs d'Eure-et-Loir ont cherché, selon M. Magne, à utiliser leurs ressources et leur position. Au lieu d'entretenir des juments poulinières et de ne livrer au commerce qu'un cheval tous les quatre ans, ils achètent des poulains dans la Vendée, le Poitou, la Bretagne, la Normandie, la Picardie, l'Artois et même la Champagne, la Bourgogne, le Nivernais et la Franche-Comté; ils les conservent pendant un an ou dix-huit mois et les livrent ensuite au commerce comme chevaux nés et élevés dans leur province.

De ce mode d'élevage, fait avec beaucoup d'intelligence, il résulte que ces précieux chevaux répandus en si grand nombre dans nos départements sous le nom de *Percherons* appartiennent à toutes nos principales races françaises; mais ils en sont les plus beaux individus et sont d'ailleurs modifiés, *perchisés*, par les fortes rations d'avoine que les cultivateurs de la Beauce donnent à leurs attelages. Ce qui se passe dans le Perche nous démontre pratiquement que la nourriture, considérée sous le double point de vue de la qualité et de la quantité, a une influence très-grande sur l'amélioration des races animales. Nous savons au reste qu'on ne saurait produire un bel animal si on ne lui distribue pas la somme d'aliments dont il a besoin, qu'elle qu'ait été la beauté de ses procréateurs, et nous avons de fréquents exemples de ce qu'il résulte du manque de nourriture.

B. *Influence du sol pour l'amélioration des races.* — Il y a entre la nature du sol et les végétaux qui poussent à sa surface une corrélation si connue et si naturelle, qu'il nous semble qu'indiquer ce fait doive suffire, sans qu'il soit besoin d'exemple à l'appui. N'est-ce pas depuis que, par la pratique du drainage habilement exécuté, l'on est arrivé à retirer de certains sols l'excès d'humidité, que les animaux de diverses contrées de la France ont trouvé une nourriture plus substantielle et que de notables améliorations sont survenues et dans leurs aptitudes et dans leur conformation. Aujourd'hui encore nous pouvons dire à l'inspection seule de l'ensemble d'un animal s'il provient d'un pays à sol sec ou s'il a été entretenu sur un terrain humide. C'est par suite de travaux d'amélioration pratiquée dans le but d'assainir le sol que l'ancien cheval Picard mal conformé disparaît chaque jour de plus en plus pour faire place à des chevaux mieux établis et plus ardents. La basse Normandie doit à la fertilité de son sol, à la richesse de ses herbages, de produire des bêtes bovines renommées non pas seulement pour leurs qualités laitières, mais aussi pour la qualité de leur viande. L'influence de la nourriture traduit aussi ses effets chez les individus de l'espèce ovine. Le mouton solognot, petit de taille et peu ample de corps dans la Sologne, où les aliments qu'il peut consommer sont peu abondants, se développe alors qu'on le transporte dans des contrées plus fertiles. « Des brebis solognotes, exportées pleines de la Sologne et conduites dans le Gâtinais ou la Brie, donnent des agneaux qui les dépassent en taille ; une génération ou deux suffisent, dans les contrées fertiles, pour doubler la race. » (Magne), Suivant, écrit encore M. Sanson, que les moutons de la race flamande sont élevés sur des terrains d'une fertilité plus ou moins grande, dans des conditions de cultures diverses, ils prennent des caractères particuliers de taille, de développement, de lainage, qui permettent jusqu'à un certain point d'en faire autant de variétés différentes du type commun. Il est hors de toute contestation qu'il est non seulement possible, mais même fréquent, d'agir à l'aide de la nourriture sur la conformation des individus de nos diverses races animales dans le but de les améliorer.

C. *Influence de l'exercice du corps et de l'exercice des organes dans l'amélioration des races.* — Au nombre des divers facteurs de l'amélioration des races se trouve celui relatif à l'exercice du corps ou à la gymnastique fonctionnelle. Cette question qui se rattache aux lois de la physiologie animale a conduit M. Baudement à formuler la doctrine de la *spécialisation* de laquelle nous avons déjà dit quelques mots dans un des chapitres précédents. Dans le *Livre de la Ferme et des Maisons de campagne*, M. Sanson s'est attaché à rendre cette nouvelle doctrine évidente pour tout le monde. Les nombreuses citations que nous avons empruntées aux écrits de cet auteur ont dû faire voir avec quelle clarté M. Sanson traite les sujets qu'il aborde ; aussi lui laissons-nous la parole pour développer la formule articulée par le savant professeur du Conservatoire des Arts et Métiers :

« Il est incontestable d'abord, en physiologie, que l'exercice d'une fonction a pour effet de perfectionner cette fonction et de hâter le développement des organes chargés de l'accomplir. Il est non moins incontestable que, dans l'économie animale, les fonctions sont subordonnées les unes aux autres ; de telle façon que, dans l'état normal, elles demeurent dans une sorte d'équilibre réciproque et concourent chacune pour sa part au maintien de celles qui lui sont corrélatives, juste dans les limites nécessaires à la conservation de l'individu et à la reproduction de l'espèce, seule destination naturelle des animaux. Il suit de là que l'exercice d'une fonction quelconque, porté au-delà de cet équilibre organique, ne peut s'effectuer qu'aux dépens des autres fonctions, et par conséquent du développement des organes dont le jeu régulier les produit. L'observation et l'expérience ont mis ces faits en complète évidence, et il n'est pas un seul physiologiste qui soit en mesure de les contester. »

Tels sont les principaux agents extérieurs qui peuvent aider à l'amélioration de nos races animales domestiques. L'action de ces agents fait sentir aussi son influence sur les individus considérés isolément ; de telle sorte que ces agents sont utilisés, soit qu'on veuille produire une amélioration individuelle ou opérer une amélioration de race.

Enfin, nous ajouterons aux moyens que nous venons d'énumérer les mesures auxquelles on a encore aujourd'hui recours pour rendre plus productifs et meilleurs nos animaux. Assurément, et l'expérience l'a prouvé, ces moyens sont puissants et cependant ils ont été diversement appréciés par les auteurs qui se sont occupés de cette question. Notre cadre ne nous permettant pas d'entrer dans des détails sur ce sujet, nous nous voyons forcés d'énumérer seulement ces moyens. Ils se partagent en deux catégories : 1° ceux qui émanent de l'intervention directe, c'est-à-dire au moyen de l'administration des haras, des vacheries et des bergeries de l'Etat, etc.; 2° ceux désignés sous le nom d'encouragements tels que les concours d'animaux reproducteurs, les concours de bêtes de boucherie, les primes d'encouragement et les courses.

SECTION QUATRIÈME.

De l'amélioration des races par la génération.

Jusqu'à présent nous avons laissé l'action des reproducteurs en dehors des moyens à l'aide desquels on améliore nos races d'animaux domestiques, et nous nous sommes occupés spécialement de bien établir l'influence des agents extérieurs pour atteindre ce but. Maintenant nous devons étudier la question de l'amélioration par la génération.

La base sur laquelle repose ce système zootechnique est la faculté que possèdent les êtres organisés de transmettre à leur progéniture, leurs formes, leurs qualités ; de sorte que les jeunes sujets issus du rapprochement d'individus de la même espèce, mais de sexes différents, ont toujours de la ressemblance avec ceux qui les ont produits. La transmission de formes et de qualités étant reconnue, il importe, avant tout autre chose, de demander aux reproducteurs certaines conditions inhérentes à leur individu, considéré isolément d'abord, puis eu égard à leur position respective ; il faut, en un mot, connaître d'un côté quelles sont les qualités, quels sont les défauts absolus des reproducteurs, et d'un autre quelles sont leurs qualités, quels sont leurs défauts relatifs.

Les reproducteurs, abstraction faite du sexe, doivent jouir d'une bonne santé et d'un bon tempérament. On comprend facilement en effet que des animaux malingres, valétudinaires ou atteints de maladies graves intéressant des organes dont les fonctions sont entravées dans leur jeu, ne sauraient fournir par la génération des sujets robustes et vigoureux. L'attention ne s'arrêtera pas cependant d'une manière exclusive sur l'habitude extérieure des reproducteurs ; elle se fixera aussi sur le moral. Par l'acte de la génération, la nature accorde aux jeunes sujets des ressemblances de caractère avec les ascendants ; aussi faut-il s'attacher à choisir des animaux reproducteurs dociles, obéissants, ayant enfin un bon caractère.

Est-il nécessaire de faire observer que les organes génitaux doivent être exempts de toute tare, de toute maladie, même légère, qui puisse nuir au libre exercice de leurs fonctions ? Nous ne le croyons pas. On comprend assurément que le moindre obstacle apporté à la sécrétion des glandes ou au jeu d'une partie si sensible de l'organisme chez le mâle ; que la plus légère modification pathologique survenue dans la partie du corps de la femelle qui est appelée à recevoir et à faire développer le germe qui lui est confié, on comprend, disons-nous, que ces circonstances sont défavorables au résultat qu'on veut obtenir. Nous demanderons aussi comme beauté indispensable chez les reproducteurs des deux sexes, une poitrine d'une grande capacité, formée de côtes longues et rondes, un ventre modérément développé et aussi une bonne disposition dans les différentes parties des membres, c'est-à-dire de bons aplombs. Ce ne sont pas seulement les beautés de conformation que le jeune sujet hérite de ses parents; la nature le dote aussi de quelques-unes de leurs défectuosités ou de leurs maladies. Il y a des affections héréditaires, comme on signale des tares, qui se transmettent par la génération. Ne pas examiner scrupuleusement l'état sanitaire des animaux des deux sexes que l'on veut livrer à la reproduction de l'espèce est toujours une faute grave. On ne saurait certainement obtenir de beaux sujets en employant des reproducteurs entachés de tares pouvant être communiqués aux produits résultant de leur alliance. L'éleveur est trop généralement oublieux de cette loi fondamentale de l'amélioration animale; il ne lui accorde pas toujours toute l'importance qu'elle a réellement. De là, comme conséquence, que les sujets obtenus sont sans valeur; qu'ils ne répondent pas, arrivés à un âge où ils ont déjà occasionné de grands frais, à l'espérance qu'ils avaient fait naître chez leurs propriétaires. Dans de telles circonstances défavorables se reproduisent sur les membres des jeunes sujets les tumeurs osseuses qui se trouvent aussi aux extrémités de leurs ascendants.

La fluxion périodique des yeux, maladie qui se présente par accès plus ou moins éloignés et dont la terminaison la plus ordinaire est la perte de la vue, est regardée aussi comme pouvant se transmettre par la génération. Il en est de même, suivant certains auteurs, de la pousse, bien que cette dernière opinion ne soit pas générale. Aujourd'hui, nous n'hésitons pas à l'adopter parce que une observation de quelques années nous en a démontré la valeur. Il faudrait même, dans l'intérêt de nos espèces animales domestiques, que cette vérité zootechnique ne soit ignorée d'aucun propriétaire. Peut-être alors renoncerait-on à l'habitude de livrer trop souvent à la reproduction des juments tarées, aveugles ou poussives, en considération du peu de chance qu'il reste d'obtenir d'elles des poulains de prix? Le nombre des jeunes chevaux devenus poussifs avant même d'avoir travaillé pendant quelques années augmente chaque jour, bien que, nous devons le reconnaître, les conditions hygiéniques dans lesquelles ils sont placés soient à notre époque plus favorables que jadis. La cause de cette fréquence plus grande des cas de pousse sur les jeunes chevaux ne réside-t-elle pas, en partie, dans l'usage irrationnel de livrer à la reproduction des juments atteintes de ce vice à des degrés très-avancés? Pour notre part nous sommes disposés à le croire. Choisissons mieux les femelles que nous voulons faire reproduire et nous obtiendrons de meilleurs produits! Que l'attention soit aussi arrêtée sur l'âge des animaux que l'on rapproche; un reproducteur trop jeune, qui n'est point encore assez développé, ne saurait fournir un rejeton fort et robuste. Cet inconvénient, résultant de cette manière d'agir, n'est pas le seul; le mâle trop jeune s'épuise vite, sa santé et ses organes s'usent promptement; les femelles obligées de fournir, pendant tout le temps de la gestation, les éléments formateurs du fœtus qu'elles portent, ne prennent plus de développement; elles restent à tout jamais des bêtes avortées. Ainsi, en thèse générale, et alors surtout qu'on a recours à la génération pour améliorer les races d'animaux domestiques, il faut faire choix de reproducteurs ayant déjà acquis leur développement. Pour l'espèce chevaline on admet que le mâle doit avoir atteint au moins sa quatrième année; et encore à cet âge ne faut-il lui présenter qu'un petit nombre de juments. Chez les animaux de l'espèce bovine les désirs vénériens peuvent être satisfaifaits plus tôt. On livre à la reproduction de son espèce un taureau qui n'est encore arrivé qu'à l'âge de deux ans; quant à la femelle elle manifeste des signes de chaleur dès l'âge de un an à quatorze mois. Dans l'espèce ovine, quels que soient les signes de précocité manifestés par les animaux, les béliers ne sauraient être employés au service de la lutte avant l'âge de dix-huit mois à deux ans, et encore le bélier n'accomplit-il pleinement sa fonction qu'alors qu'il est arrivé à l'âge adulte? Les brebis témoignent des signes de chaleur vers la fin de leur deuxième année. On aurait tort d'accéder à leurs désirs ; il est mieux d'attendre qu'elles aient atteint trente mois. Chez le verrat l'organe génital s'éveille de très bonne heure et dure longtemps ; malgré cela il est toujours désavantageux de le livrer à la reproduction avant qu'il ait atteint dix mois, et de s'en servir passé quatre ou cinq ans. Mêmes réflexions s'adressent aux femelles de cette espèce. Ainsi et pour conclure : les animaux destinés à améliorer leurs espèces par voie de génération ne doivent pas être rapprochés avant qu'ils aient acquis leur développement ; ajoutons encore, et sans entrer dans plus de détails, que les mâles ne doivent servir qu'un nombre de femelles en rapport avec leur force de tempérament. La santé et la conformation d'un reproducteur se ruinent promptement quand on lui présente un trop grand nombre de femelles. Les produits d'un mâle épuisé sont défectueux et faibles.

Les considérations que nous venons d'exposer sommairement ont spécialement trait aux animaux reproducteurs utilisés dans le but de l'amélioration de l'espèce. Il en est d'autre que nous devons également énoncer et auxquelles il faut s'arrêter alors qu'on agit dans un but industriel ou spéculatif. Ainsi, dans l'espèce bovine, à laquelle nous demandons du travail, des produits en lait ou des dispositions à l'engraissement, il faut agir différemment, selon la spécialité des sujets à naître. Si l'on veut, dit M. Magne, obtenir des bêtes robustes, fortes, propres au travail, on recherchera des mâles parvenus à l'âge adulte ; mais pour faire naître des animaux mous, riches en tissus adipeux (graisse) ayant des chairs tendres, plutôt que des muscles énergiques, on se servira de reproducteurs qui ne soient pas encore bien formés. Les vaches issues de jeunes taureaux sont les meilleures laitières ; les agneaux donnent de plus beaux produits que les vieux béliers.

Si nous réfléchissons au rôle que la femelle joue dans l'acte physiologique de la génération, nous sommes amenés à reconnaître qu'elle doit présenter, dans sa conformation, toutes les conditions favorables au développement du petit qu'elle porte dans ses organes. Ainsi nous lui demandons, comme beauté et aussi comme qualité, un corps long, une croupe large, un bassin ample, afin que le petit trouve un espace assez grand pour prendre, pendant le temps de sa vie intrà-utérine, le développement dont il a besoin pour arriver au monde dans de bonnes conditions de force et de vitalité.

Telles sont les qualités absolues à rechercher chez les reproducteurs des deux sexes, quelles que soient l'espèce et la race. Il est d'autres convenances relatives aux individus appelés à se rapprocher, convenances que nous devons aussi énumérer avec quelques détails. Il faut, on l'a dit depuis longtemps déjà, des époux assortis. L'appareillement est avantageux quand il a été rationnellement établi, c'est-à-dire dirigé d'après certaines considérations telles que la taille, les formes, l'âge, le pelage, etc. etc.

Le produit auquel donne lieu le rapprochement de deux individus de la même espèce et de sexes différents apporte en naissant une conformation tenant, tout à la fois, et de celle du père et de celle de la mère. Plus les producteurs ont entre eux de ressemblance de formes, plus aussi le jeune sujet présente d'harmonie, de régularité dans son ensemble. Au contraire, il est décousu lorsque le mâle et la femelle s'éloignent les uns des autres par des différences tranchées dans leur habitude extérieure. De l'accouplement d'un père léger et d'une mère à formes lourdes et à squelette massif, naît le plus souvent un petit chez lequel le corps volumineux est supporté par des membres grêles. Pour une autre union mal assortie, c'est telle ou telle partie du produit qui jure à l'œil et nuit à l'ensemble. Ne rapprochons donc seulement que des producteurs chez lesquels les formes ne sont pas trop disparates, trop éloignées, et nous aurons plus de certitude de réussir dans nos entreprises de production et d'amélioration.

L'appareillement eu égard à l'âge mérite aussi d'être bien dirigé. Voici à quelles conclusions on a été amené par une observation attentive des faits. On doit donner aux mâles qu'on emploie pour la première fois à la reproduction, des femelles ayant déjà donné des produits et bien disposées à se laisser féconder. Selon quelques physiologistes, dit M. Magne, l'âge des reproducteurs influe sur le sexe créé; il faut, pour avoir des produits du sexe masculin, donner à des femelles jeunes des mâles adultes, *et vice versâ* pour obtenir des femelles. « Des observations et des expériences, écrit aussi M. Sanson, recueillies ou exécutées, sur l'espèce ovine, par Girou de Bouzareigues et par M. Martegoute ; sur l'espèce bovine, par Lemaire et M. Tisserant ; sur l'espèce humaine et sur l'espèce mulassière, par nous-mêmes, tendraient à établir que le sexe du produit de l'accouplement dépend précisément de l'état réciproque des reproducteurs au moment de la fécondation. Les résultats obtenus par les observateurs que nous venons de citer, sont concordants en ce sens que celui des procréateurs qui est le plus vigoureux, celui dont l'état physiologique est le plus parfait, communiquerait, d'après ces résultats, son sexe au produit. »

Il est acquis aussi par l'observation, qu'en rapprochant des individus dont les couleurs du pelage diffèrent par des nuances très tranchées, on a pour résultat des sujets dont la robe participe des deux nuances, et que souvent chaque couleur se plaque, en quelque sorte, isolément sur certaines parties du corps de manière à donner les robes pies qui ne sont agréables à l'œil qu'autant qu'il est possible de bien appareiller les animaux pour un attelage, mais qui généralement ne sont pas goûtées.

En résumé, des considérations qui précèdent, nous tirons cette conclusion : que dans le choix des animaux qu'on veut rapprocher comme producteurs il faut s'attacher à éviter les différences tranchées, parce que l'on s'expose à n'obtenir que des produits dont la conformation est sans harmonie et sans régularité.

SECTION CINQUIÈME.

Des différents systèmes d'amélioration des races domestiques, par la génération.

Plusieurs systèmes sont employés pour obtenir l'amélioration de nos différentes espèces animales par la génération ; ces systèmes sont : l'amélioration d'une race par elle-même, le croisement, l'importation d'animaux étrangers, et enfin la consanguinité.

Amélioration des races par elles-mêmes. — Appareillement. — Avant d'exposer les considérations auxquelles on doit s'arrêter, alors qu'on veut améliorer une race par elle-même, qu'il nous soit permis de bien définir la signification du mot *appareillement*, sous lequel ce système est souvent désigné. Nous emprunterons cette définition à un zootechnicien de grand mérite, à M. Eugène Gayot, ancien directeur général des haras, dont nous avons déjà souvent cité le nom. « L'appareillement, c'est l'action de rapprocher, d'assortir, pour la génération, des individus d'une même race, dans le but d'améliorer les qualités propres à celle-ci et de la monter progressivement au point de perfection relative qu'on suppose pouvoir être atteint par elle, dans le milieu où elle est appelée à vivre et à se reproduire. A proprement parler, c'est l'union des sujets les moins défectueux d'une race plus ou moins déchue pour en développer peu à peu les aptitudes, en diriger les inclinations mieux que par le passé, afin d'en retirer plus d'utilité et de profit. » Le but de l'appareillement si bien défini dans la citation que nous venons de transcrire a pour but d'améliorer une race par elle-même. Indiquer le but de ce système n'est-ce pas en faire ressortir toute l'utilité et toute l'importance zootechnique? Ainsi, une race de moutons se plaît dans un pays, mais les propriétaires n'en retirent cependant pas tous les avantages possibles, parce que les rapprochements des sexes ne sont pas assez surveillés; parce que les produits obtenus dégénèrent ; qu'on fasse choix, parmi les individus de la race, de sujets ayant le mieux conservé les beautés et les qualités, et on amènera cette race à la condition supérieure qu'elle avait autrefois. Pourquoi, en France, pense-t-on autant à demander à des races étrangères d'améliorer les races indigènes? C'est parceque, faute de soins intelligents et raisonnés de la part des propriétaires ces races sont abâtardies. Jetons un regard inquisiteur autour de nous et nous observerons ce fait désolant, que, chaque jour, nos races animales indigènes, jadis si estimées, disparaissent grâce à l'incurie qu'on met à les conserver. Un appareillement judicieux, bien conduit, relèverait le bétail français et nous parviendrions à ne pas perdre des types dont nos ancêtres reconnaissaient l'utilité et la valeur, suivant les différentes contrées où ils étaient entretenus.

L'idée dans la pratique de l'appareillement étant de relever par elle-même une race atteinte dans ses qualités, il est évident qu'il faut, pour la réussite de l'opération, choisir comme reproducteurs des deux sexes des sujets réunissant au plus haut degré, si cela est possible, les caractères de la race et possédant la moindre somme de défauts. Assurément, le produit issu de ce rapprochement, héritant des qualités et des défauts de ses auteurs, sera d'autant meilleur que les parents auront été mieux assortis, sous le double rapport de la conformation et des aptitudes. De là la nécessité de bien connaître les règles suivant lesquelles l'appareillement doit être conduit. Cette opération, qui, au premier coup-d'œil, paraît être d'une grande simplicité, est cependant assez compliquée, ainsi que nous allons essayer de le démontrer, par l'exposé des précautions que tout éleveur intelligent ne doit jamais négliger de prendre.

La race que l'on veut améliorer par elle-même a-t-elle plusieurs défauts? Il faut bien se garder de vouloir les attaquer tous à la fois. Qui trop embrasse mal étreint, est un judicieux proverbe qui trouve ici son application. On agira avec précaution pour faire disparaître successivement et d'une manière lente et graduée les défauts de la race. Afin aussi d'arriver plus sûrement et plus promptement à un résultat satisfaisant, le choix des reproducteurs sera fait de telle sorte que les défauts de l'un soient corrigés par les qualités de l'autre, c'est-à-dire que les mauvaises dispositions en plus de l'un seront mises en opposition avec celles en moins de de l'autre, et il en sera de même, eu égard aux qualités, avec cette restriction cependant que les différences existant entre les deux procréateurs ne seront pas trop grandes. Suivez toujours, écrit M. Eugène Gayot, une marche graduelle pour opérer le bien et le rendre durable ; une différence trop tranchée dans les formes donne presque toujours naissance à de choquantes disparates.

Quand un défaut a été corrigé, on s'occupe d'en annihiler un autre. Sans doute ce système demande du temps et beaucoup de persévérance ; mais n'en est-il pas ainsi en toute chose. Un appareillement irrationnel, laissé aux éventualités du hasard, ne donne le plus souvent aucun résultat satisfaisant ; mais il conduit par contre le plus ordinairement aux insuccès complets. La réussite de l'opération est assurée en ne brusquant pas les choses ; les défauts de la race s'éteignent peu à peu et à chaque génération ; les produits se rapprochent de plus en plus du type vers lequel on tend ; et la dégénérescence que l'on combat finit par être détruite en mettant en pratique, toujours durant la période de temps nécessaire, l'appareillement des individus les moins imparfaits appartenant à des familles différentes. L'amélioration d'une race par elle-même n'oblige pas à l'alliance d'animaux issus du même sang ; ce système est celui désigné sous le nom de consanguinité, dont nous nous occuperons plus loin ; mais dans l'appareillement, les procréateurs doivent seulement appartenir à la même race.

Les généralités que nous avons précédemment exposées sur les convenances qui doivent exister entre les reproduc- qu'on allie, sous les rapports de la taille, de l'âge, de la robe, trouvent assurément ici leur application. Nous n'oublions jamais que des oppositions trop grandes entre le mâle et la femelle ont pour fâcheuse conséquence de donner au produit des formes décousues, des formes sans régularité relative ; de ne pas aider à l'amélioration de la race et d'éloigner du but vers lequel on veut marcher. Assurément les résultats seraient bien plus avantageux dans l'union des races entre elles, si avant de livrer aux étalons de choix nos femelles domestiques abâtardies, nous avions la sage prévoyance d'anoblir celles-ci par des appareillements judicieusement dirigés. Malheureusement, nous ne saurions le dissimuler, il n'en est pas ainsi; la reproduction de nos animaux a lieu le plus ordinairement sans raisonnement, mais suivant l'idée ou le caprice des propriétaires. La réussite ne sera jamais, sans aucun doute, la conséquence d'une semblable insouciance. Espérons que les connaissances zootechniques, qui se répandent de plus en plus, éclaireront bientôt mieux les propriétaires d'animaux sur leurs véritables intérêts et que, comme conséquence de ce progrès, nos races animales domestiques récupéreront et conserveront ensuite leur ancienne valeur.

SECTION SIXIÈME.

Du croisement des races.

Etablissons de suite ce qu'on doit entendre par le mot croisement. Le croisement, d'après M. Gayot, est l'opération qui consiste à accoupler, à unir, pour la propagation, des individus de même espèce, quoique de races différentes, en vue de perfectionner la moins bonne, de lui communiquer les qualités de celle qui lui est supérieure et qui sert à la croiser, dans le but de l'en rapprocher le plus possible, intérieurement et extérieurement, physiologiquement et moralement. Ainsi, on se livre au croisement quand on introduit dans une localité, sur une exploitation, des mâles d'une race étrangère au pays, mais supérieure par le sang et par les qualités aux femelles de la race indigène; quand on applique ces étalons à la régénération ou plutôt au perfectionnement de la race locale, en vue de l'absorber pour ainsi dire dans le type propre à la race des mâles.

Le croisement est un moyen sûr d'amélioration des races présentant cet avantage que la mère indigène transmet aux nouveaux produits une constitution en rapport avec les conditions naturelles dans lesquelles ils doivent vivre. Dans cette opération zootechnique il y a deux races différentes mises en présence : l'une est la race améliorante, l'autre est la race à améliorer. Les sujets de celle-ci, choisis pour être livrés à l'amélioration de l'espèce par la génération, doivent présenter les aptitudes et la conformation du type de la race. Ce qui revient à dire qu'il faut prendre parmi les animaux à améliorer les individus de premier choix, offrant les caractères purs de la race locale. A quel résultat arriverait-on en effet si, pour agir dans le sens d'un progrès, on se servait de sujets défectueux et abâtardis? Le croisement repose sur le principe de la constance des races; or, la race améliorante étant celle qui possède les caractères les plus anciens, les mieux assis, est aussi celle qui transmet aux produits son cachet, sa conformation, ses aptitudes.

Dans la pratique du croisement, comme dans celle de l'amélioration d'une race par elle-même, il est indispensable que les reproducteurs améliorateurs aient une certaine conformité de formes, de taille, de tempérament et d'aptitudes avec celle de la race à améliorer. Ce principe fondamental du croisement est trop souvent oublié chez nous dans la production surtout des individus de la race chevaline. L'œil, le caprice, plus que le raisonnement, semblent diriger les éleveurs. Ainsi un étalon pur sang arabe ou anglais, dont les formes sont belles et les allures gracieuses, frappe leur attention ; il faut qu'ils le donnent à leurs juments; ils veulent un rejeton de ce bel animal. Ils raisonnent enfin comme si dans le rapprochement des sexes l'influence du père s'exerçait seule ; ils oublient que le jeune sujet tient à la fois et de la conformation du père et de celle de la mère; les organes de la jument ne sont pas, quoiqu'en pense l'Arabe, un sac duquel on retire de l'or si on y a placé de l'or, et qui ne rend que de l'argent alors qu'on lui a confié de l'argent. S'il en était ainsi, la théorie du croisement serait bien simple et les résultats répondraient toujours aux espérances. Mais cela n'est pas. Que de produits décousus sont les conséquences de ces alliances mal comprises! Que de rejetons, doués dans certaines régions de leur corps des beautés du père améliorateur, conservent dans certaines autres la conformation de la mère? Au reste, l'expérience et l'observation parlent plus haut sur ce point que le meilleur raisonnement. Etudions, sans parti pris, la valeur des jeunes sujets obtenus par le croisement des procréateurs des deux sexes offrant de grandes différences dans leur conformation et leurs aptitudes, et nous reconnaîtrons tout ce qu'il y a de vicieux dans cette pratique.

Gardons-nous aussi de rapprocher des animaux pris parmi des races dont les conditions d'entretien sont par trop éloignées; attachons-nous également à choisir nos reproducteurs dans des contrées à peu près semblables, afin que les influences locales aient peu d'action sur eux et sur leurs rejetons; c'est à tort qu'on voudrait allier entre elles des races n'ayant point des aptitudes identiques. De quelles qualités productives peut en effet hériter de ses ascendants un jeune sujet issu d'un père appartenant à une race exclusivement réservée pour l'engraissement, et d'une mère tirée d'une race spécialement utilisée pour le travail.

Quand, après mûre réflexion, on a pris le parti d'améliorer la race locale par le croisement, on doit choisir, comme type améliorateur, des mâles de préférence à des femelles; et cela doit être ainsi pour plusieurs motifs : un mâle, à quelque espèce qu'il appartienne, peut saillir un certain nombre de femelles. Toutes les saillies ne seront assurément pas fécondantes ; et au nombre des femelles il en est qui n'arrivent point, sans accident, au terme de la gestation. Nonobstant toutes ces mauvaises chances, il n'en demeure pas moins vrai que le nombre des naissances sera toujours plus élevé que si on eût importé quelques femelles pleines de la race amélioratrice. Envisageant la question, toujours sous le point de vue économique, l'introduction des mâles de préférence aux femelles est avantageuse parce qu'un seul animal peut suffire à la fécondation d'un certain nombre de femelles ; de là économie dans les frais d'acquisition, de transport, de soins et de difficultés d'acclimatation. La durée de la gestation, c'est-à-dire du séjour du fœtus dans les organes de la mère, est assez longue pour certaines espèces animales ; elle est de onze à douze mois pour la jument, de neuf mois pour la vache : si le nombre des femelles importées est restreint, les résultats à obtenir du croisement se feront longtemps attendre et le nombre des produits sera peu élevé; mais lorsqu'au contraire on a introduit des reproducteurs mâles, bien que le temps de la gestation reste le même, on arrive plutôt au but par cette raison qu'un plus grand nombre de femelles a reçu l'influence du mâle, et que les nouveaux sujets, fruits de ces alliances, déjà améliorés, sont des sources auxquelles on peut avoir, en partie, recours ensuite pour continuer l'œuvre commencée.

Arrive-t-on aux mêmes conclusions quand on envisage la question sous le point de vue physiologique ? L'importation des mâles vaut mieux que celle des femelles, à cause de la prédominance des premiers dans les produits de la conception, et sur les résultats de cette prédominance qui se multiplient, comme le fait judicieusement observer M. Gayot, à raison de la capacité fécondante du mâle et de ses qualités prolifiques. Le procréateur masculin résiste davantage à l'action incessante des agents modificateurs nouveaux des localités où on l'implante et qui exercent alors sur l'économie des impressions différentes de ceux du pays originaire.

Ainsi, eu égard au système économique aussi bien qu'au système zootechnique, l'importation de mâles améliorateurs est préférable à l'introduction des femelles.

Le caractère de la race, avons-nous dit précédemment, est la constance et la fidélité ; les qualités qu'on veut emprunter au type améliorateur se transmettront d'autant plus sûrement aux produits, que ce type sera plus ancien, c'est-à-dire mieux fixé. Cette considération nous amène à admettre que le choix des procréateurs à importer doit se faire parmi les individus d'une race ancienne bien formée, pure, parfaitement vierge d'alliances étrangères, chez laquelle les sujets se reproduisent depuis plusieurs générations sans éprouver de modifications. Si le père n'a pas puisé dans la constance de sa race une haute capacité reproductive, son influence dans l'acte générateur ne saurait prévaloir longtemps contre les tendances locales.

Déterminer mathématiquement combien de temps il faut pour améliorer complètement ou pour atteindre à un degré de progrès déterminé, est chose impossible à établir. En règle générale, il est admis que l'action du croisement doit se proportionner au résultat qu'on se propose d'atteindre. Il est des cas où on arrive à donner à une race le perfectionnement désiré par un ou deux croisements; il en est d'autres où le même mode d'amélioration a besoin d'être continué pendant quatre et même cinq générations pour rendre fixes chez les produits les caractères combinés des deux races. Enfin, il arrive aussi qu'il faut pousser l'opération jusqu'à ce que la race indigène soit complètement transformée. En un mot, il ne faut s'arrêter qu'alors qu'on a satisfaction. Voici au reste l'opinion, sur ce point, d'un homme éminemment compétent : « Il faut, selon M. Eugène Gayot, continuer les croisements jusqu'à ce que la race qu'on perfectionne ait, en quelque sorte, acquis l'indigénat en se mettant en harmonie avec toutes les circonstances de localité ; les abandonner ensuite momentanément, puis y revenir, les renouveler ; enfin retremper de temps à autre la sous-race avec le sang pur de la race étrangère. Tels sont les moyens de perfectionnement et de conservation que le croisement donne à ceux qui l'emploient. »

Du rapprochement des procréateurs des deux sexes naissent évidemment des mâles et des femelles; on donne à ces produits le nom de métis. Parmi ceux-ci, il en est qu'on conserve pour continuer l'amélioration et il en est d'autres qu'on écarte. Ainsi les métis mâles sont exclus de la reproduction; on se sert des femelles de chaque génération nouvelle avec des étalons de la race pure. De là résultent des rejetons qui gagnent à chaque génération vers le type améliorateur. Ces métis se classent différemment suivant qu'ils sont les produits d'un premier, d'un deuxième ou d'un troisième croisement. Le sujet obtenu d'une femelle de la race indigène avec le mâle importé, s'appelle premier métis; les femelles premières métisses, couvertes elles-mêmes par un mâle de la race pure qui leur a donné naissance, fournissent des deuxièmes métis, plus rapprochés évidemment de cette race qu'elles ne le sont elles-mêmes. Les deuxièmes métisses accouplées à leur tour avec un mâle de race pure produisent des troisièmes métis se rapprochant encore davantage du type améliorateur. En continuant ainsi successivement la même méthode après chaque génération, on a des quatrièmes, des cinquièmes métis.

Pour l'espèce chevaline, on est convenu de désigner ces métis sous des noms particuliers. Le premier métis est dit demi-sang, le second est le trois quarts de sang; à la troisième génération, c'est le sept huitième de sang ; à la quatrième génération, on a le quinze-seizième de sang, etc., etc. Enfin, après une succession de nombreuses générations ainsi conduites, on arrive à obtenir des sujets qu'on peut à peine distinguer, quant à la pureté, de la race améliorante. Cependant, on ne saurait mathématiquement admettre qu'on puisse jamais transvaser intégralement le sang pur dans la race indigène et rendre les produits veufs de tout sang commun. Le lien de parenté avec la race locale, l'influence des milieux dans lesquels vivent les métis sont des causes défavorables à la conservation de la noblesse acquise. « La race croisée ne peut être abandonnée à ses propres forces, à sa seule puissance reproductive, pendant une longue suite de générations, sans perdre manifestement des qualités qu'on lui a communiquées, sans descendre d'une manière notable au-dessous du niveau auquel elle a été judicieusement élevée, sans devenir moins apte, en un mot, au but de la création ; ou bien la capacité acquise, si elle est sortie d'un nombre d'accouplements fort restreints, s'altère promptement, et nécessite de revenir toujours à la race mère, au cheval type, à l'étalon créateur. (E. Gayot.) » Le croisement n'est donc pas complet encore lorsqu'on est arrivé à donner à la race commune les qualités de la race noble importée ; il faut de plus, pour que l'amélioration obtenue demeure constante, lui rendre favorables les conditions au milieu desquelles elle est appelée à vivre afin d'éviter le retour vers le point de départ.

Jusqu'à présent nous avons exposé la théorie du croisement des races en admettant, pour nous faire bien comprendre, que les résultats étaient toujours heureux, et suivaient une marche régulière; cependant, il faut le reconnaître, on éprouve parfois des déceptions.

Peut-on espérer de créer par croisement une race fixe? Tous les auteurs qui se sont occupés d'élucider cette question ne sont pas du même avis. Selon M. Magne, dans un grand nombre de cas le croisement, après un certain nombre de générations, cesse d'être nécessaire et les métis peuvent se propager entre eux sans dégénérer. On a constaté en Allemagne, qu'après la quatorzième ou quinzième ou tout au plus la seizième génération, toutes effectuées avec des mâles de la race amélioratrice, les métis avaient acquis non-seulement tous les caractères extérieurs de cette race, mais encore la constance ou faculté de transmission de ces caractères à leurs produits et qu'il n'y avait plus de pas en arrière; que par conséquent ils étaient en tout égaux à la race pure. M. Sanson est d'un avis contraire : « Qu'il nous soit permis seulement de répéter que les individus croisés n'ont jamais nulle part, et dans aucune espèce, transmis à leurs descendants d'une manière suivie aucun des caractères essentiels qui les faisaient primitivement différer de leurs auteurs, et que, dans leur reproduction, ils sont toujours revenus au type de celui de leurs ascendants qui était en possession de l'indigénat. C'est dire, en d'autres termes, qu'aucune race ne s'est jamais constituée par croisement. (Livre de la Ferme, page 456.) » En présence d'opinions aussi contradictoires émises par des hommes éminents dans la science zootechnique, qui fournissent des exemples et trouvent des raisons favorables à leur dire, il faut conclure que la question si intéressante que nous avons formulée n'a pas encore aujourd'hui une solution bien tranchée; espérons que les efforts des zootechniciens savants, aidés d'une expérience que le temps et l'observation peuvent faire acquérir, les conduiront à jeter de la lumière sur ce point encore obscur d'une science dont les préceptes sont pleins d'intérêt et d'actualité. Nous devons toutefois reconnaître que, pratiquement parlant, la méthode du croisement a fait ses preuves.

En résumé, le croisement, œuvre de perfectionnement, produit des résultats assez prompts lorsqu'on suit avec soin les règles qui doivent toujours être appliquées ponctuellement; ces principales règles sont relatives à l'opportunité de l'opération; à la convenance réciproque entre les deux races; au choix judicieux de la race mère et des sujets de cette race à introduire par le croisement; à la précaution de ne tirer les reproducteurs améliorateurs que des races dès longtemps indigènes à ce pays; anciennes et bien fondées, pures, parfaitement à l'abri d'alliance étrangère.

SECTION SEPTIÈME.

Importation d'une race étrangère comme moyen de se procurer une bonne race.

Alors que le propriétaire est bien fixé sur le but vers lequel il veut diriger les aptitudes économiques de ses animaux, il se demande si la race indigène possède cette aptitude à un degré suffisant pour qu'il puisse l'améliorer par elle-même à l'aide d'un appareillement raisonné ou par le croisement. Quand l'examen de cette question le conduit à la négative, il ne lui reste qu'un moyen d'obtenir satisfaction, c'est d'importer dans la localité des animaux mâles et femelles d'une autre contrée, animaux choisis parmi les individus qui répondent à l'aptitude qu'il désire obtenir. Assurément cette manière d'opérer est la pratique la plus prompte, la plus facile et la plus sûre de réussir, mais elle n'est pas assurément la moins coûteuse. Ce système semble être, de prime abord, d'une telle simplicité qu'on est porté à se demander comment il se fait qu'on n'y ait pas toujours recours plutôt que de s'adonner à la transformation d'une race vers un but qu'on n'atteint souvent pas. Mais ne nous y laissons pas prendre; ce mirage est trompeur et l'importation d'une race étrangère n'est pas sans obstacles si, avant de l'entreprendre, on n'a mûrement réfléchi aux conditions locales du pays qu'on habite comparées à celles de la contrée où la race est empruntée; si encore on néglige, après son introduction, de l'entourer des soins nécessaires pour lui conserver ses caractères sous l'influence du nouveau climat où elle est transportée. Puisque ces considérations sont importantes, étudions, avec quelques détails, comment il faut agir avant et après l'importation d'une race étrangère.

L'introduction dans un pays d'une race nouvelle, et nous comprenons aussi sous cette appellation les races françaises qui changent de contrée, ne doit se faire qu'alors que l'on connaît si la région qu'on habite présente, sous le rapport du climat, de la nourriture et même des soins hygiéniques de l'analogie avec ces conditions dans les pays où est choisie la race à importer. S'il y a entre ces conditions des différences trop tranchées, la réussite devient douteuse ; il est à craindre que la nouvelle race dégénère ou se modifie par suite des influences locales. On a alors fait de grands sacrifices ; on a perdu un temps toujours cher pour arriver à un résultat négatif. Non-seulement ces insuccès sont onéreux, mais ils ont aussi l'inconvénient de reculer, dans la contrée, toute tendance vers les innovations zootechniques. Les regards, en effet, sont portés du côté des innovateurs ; dans le succès, ceux-ci trouvent des imitateurs ; mais arrive-t-il un échec, ils deviennent l'objet d'ironies mal placées. Cela est assurément fâcheux, mais qu'y faire, puisque c'est l'esprit de notre époque !

Il résulte de l'observation des faits que les races anciennes, pures, constantes, résistent plus longtemps que les autres à l'influence des circonstances locales ; mais qu'elles finissent cependant par en ressentir aussi les effets, de telle sorte qu'il est nécessaire, pour toute race importée, de chercher à combattre cette action en rapprochant, autant que faire se peut, l'analogie des conditions culturales et climatériques des contrées.

Avant donc d'importer des animaux, nous devons savoir si l'état de notre agriculture nous permet de les nourrir autant et même mieux que dans le pays où nous allons les chercher. Les conditions culturales dans lesquelles nous nous trouvons sont-elles moins avantageuses ? alors des modifications fâcheuses, puis la dégénérescence de la race importée en seront bientôt les conséquences ? Les races animales suivent les différents états de l'agriculture ; si le système cultural est avancé, le bétail prospère; s'il est pauvre et arriéré, le bétail est médiocre. Afin de réussir dans l'importation des races, il faut être en position de recevoir dignement ses hôtes et de leur offrir des conditions hygiéniques au moins égales à celles au sein desquelles ils vivaient et même plus avantageuses si cela se peut. Alors seulement la méthode d'importation offre des chances de succès. S'il en est autrement nous n'éprouvons que déception et perte. L'influence hygiénique est si grande que, même dans les circonstances les plus favorables à la réussite de l'entreprise, on se trouve encore dans l'obligation de recourir de temps en temps à la souche, de manière à donner aux animaux précédemment importés une nouvelle vitalité, afin, en un mot, de les retremper.

En somme, et cela résulte des considérations dans lesquelles nous sommes entrés, l'importation d'animaux étrangers dans un but économique ou industriel n'est pas aussi facile, aussi simple qu'on pourrait le croire de prime abord. Elle demande des réflexions préparatoires et des soins consécutifs à son adoption. Assurément aussi les dépenses occasionnées par ce système d'amélioration sont d'autant plus grandes que les conditions physiques des deux pays s'éloignent davantage. Enfin, comme on ne saurait toujours introduire un nombre assez élevé d'animaux des deux sexes pour en obtenir de suite de notables avantages pécuniaires, on se trouve bien d'associer entre eux les descendants des premiers animaux importés ou encore les descendants avec leurs parents. Cette méthode de production, par les membres d'une seule et même famille, va faire l'objet du chapitre suivant.

SECTION HUITIÈME.

De la Consanguinité.

Le moyen d'améliorer les races que nous allons étudier dans ce chapitre, est connu sous le nom de *consanguinité*.

On désigne, en zootechnie, sous la dénomination de consanguinité, le rapprochement, dans le but de la reproduction de l'espèce, d'individus de sexes différents qui se tiennent par le sang; c'est la reproduction par des accouplements incestueux. On met la consanguinité en usage quand on fait reproduire le père avec la fille, la mère avec le fils, le frère avec la sœur, le cousin avec la cousine. Les produits obtenus de ces rapprochements reçoivent les noms de *consanguins*. Ce moyen trouve son application, soit qu'on se propose d'améliorer une race par elle-même, soit qu'on ait recours au croisement; elle est souvent l'unique voie ouverte pour obtenir un résultat entrevu.

Le système de la consanguinité n'est pas une méthode nouvelle. Depuis longtemps il a été préconisé. Aristote le recommande dans ses écrits aux hommes qui s'occupent de la multiplication des animaux domestiques. Les Anglais ont, de longue date déjà, adopté le principe de la consanguinité dans l'amélioration de leurs races animales. On s'explique pourquoi l'on a si souvent recours à la consanguinité, par cette considération qu'il est difficile, en de fréquentes circonstances, de se procurer des reproducteurs mâles, chez lesquels existent les qualités que l'on recherche. De là la nécessité d'employer exclusivement celui que l'on possède.

Quand met-on la consanguinité en usage? Lors qu'on entreprend l'alliance de deux races différentes dans un but d'amélioration; alors qu'on importe dans une localité une race étrangère. C'est ainsi qu'on a créé des races de chevaux, de bêtes à cornes, de porcs, dans presque tous nos départements. « On se sert encore, dit M. Magne, de la consanguinité, quand on a créé, par la nourriture, par le régime, une qualité dans un animal, quand le hasard a fait naître dans un bélier ou dans un taureau une particularité qu'on veut fixer. » Par des accouplements consanguins, on étend sur un grand nombre d'individus cette qualité, cette particularité, en la fixant.

A l'aide du système de la consanguinité, l'éleveur peut donc obtenir des résultats avantageux et assez prompts. Mais ce procédé, continué pendant quelques générations, donne-t-il encore satisfaction à ceux qui l'emploient? Cette question est aujourd'hui à l'ordre du jour; elle a tout récemment occupé les instants des savants, membres de nos sociétés scientifiques. Des avis opposés ont été émis sur la solution à lui donner. L'intérêt si grand qui s'attache à la consanguinité, considérée eu égard aux résultats auxquels elle amène, nous engage à entrer dans quelques développements. Le lecteur, nous l'espérons du moins, nous saura gré du soin que nous prenons de résumer dans ce chapitre les raisons exprimées pour et contre ce système, par des hommes haut placés dans le monde savant.

Aristote, avons-nous dit précédemment, recommandait l'usage de la consanguinité. Voici la traduction de son opinion : « Un étalon couvre sa mère; il couvre également celle qui est née de lui. On regarde un haras comme complet, comme arrivé à sa plus grande perfection, lorsque les jeunes juments peuvent être couvertes par leurs pères. »

Le duc de Newcastle était aussi partisan de ce système. Après lui, les éducateurs anglais, adoptant les préceptes exposés, ont obtenu de très beaux résultats. Nous citerons entre autres, Backwell et Charles Colling, éleveurs distingués, dont nous détaillerons tout-à-l'heure les moyens d'application. Culley, Joung, Hunt, zootechniciens émérites, professaient que l'accouplement d'animaux les plus parfaits, sous le rapport des formes, est avantageux, sans qu'on ait à s'inquiéter si ces animaux appartiennent ou n'appartiennent pas à la même famille.

Si le système de la consanguinité avait des partisans, il avait aussi des adversaires d'une autorité scientifique également recommandable. Dans le camp de l'opposition se trouvent Prinsep, Sebrigt, Mathieu de Dombasle, Levrat de Lausanne, Lafont-Pouloti, etc. Lafont-Pouloti, traducteur et commentateur des idées émises sur ce sujet par le duc de Newcastle, ne veut, à aucun prix, des unions incestueuses, « car il est démontré que, pour éloigner la dépravation des races, il faut rejeter les parentés; et qu'un cheval couvrant sa reproduction, fût-elle la meilleure possible, il n'en résultera jamais un poulain aussi beau que si les souches eussent été étrangères l'une à l'autre, et, si l'on continuait cette race, elle serait totalement défectueuse avant la troisième génération, et n'aurait plus que les vices du tronc dont elle serait sortie, sans en posséder une seule qualité; enfin, qu'elle deviendrait en tout semblable à l'espèce la plus vile du pays. » L'accouplement consanguin est, selon l'expression de M. Gayot, « une arme à deux tranchants. »

Tels auteurs le recommandent comme une pratique utile, comme le seul moyen de mettre le sceau au perfectionnement d'un haras; tels autres le repoussent comme un danger sérieux, comme un principe destructeur des bonnes conditions qui font la perfection physique et morale des races. Ajoutons encore aux opinions que nous venons de citer, celles d'auteurs également recommandables. M. Magne prétend que les accouplements consanguins dans les différentes espèces ne doivent être mis en usage qu'avec beaucoup de précautions sur les animaux de travail, car ils peuvent propager certaines dispositions anatomiques ou physiologiques qui sont sans inconvénients sur les bêtes de rente, mais qui nuiraient considérablement au cheval et même au bœuf de labour. M. Gayot exprime ainsi son avis : « Erigée en système et préconisée comme le moyen d'amélioration par excellence, cette méthode a eu pour résultat, à côté du développement et de la fixation de certains caractères désirés, un affaiblissement et un rapetissement progressifs des descendants, et l'amoindrissement, l'anéantissement de la faculté prolifique. »

Tel était, sommairement, l'état de la question de la consanguinité chez les animaux domestiques, lorsque ce système, étudié de nouveau dans son application à l'espèce humaine, fit émettre par des zootechniciens des opinions plus positives sur ce mode de multiplication appliqué à nos races animales.

Vers le commencement de l'année 1862, M. le docteur Boudin adressa à la société d'Anthropologie de Paris un Mémoire sur les dangers attribués aux mariages consanguins. M. Sanson, cédant aux instances d'un certain nombre de membres de cette Société, s'occupa de la rédaction d'un Mémoire sur cette question : de la consanguinité considérée chez les diverses espèces animales. La communication faite par M. Sanson à la Société d'Anthropologie fut reproduite, nous dit l'auteur, à peu près entièrement par le *Moniteur universel*, et bientôt, tous les organes de la presse politique et scientifique s'en occupèrent. Cela prouve assurément que le Mémoire de M. Sanson offre un vif intérêt; cela témoigne aussi de l'importance qu'on attache à la question des accouplements consanguins employés dans le but d'améliorer, ou tout au moins de conserver nos races animales domestiques.

Afin de porter à la connaissance des agriculteurs et des éleveurs, pour lesquels nous rédigeons tout spécialement ce livre, les raisons apportées dans la discussion par M. A. Sanson, nons allons analyser la note lue, par ce zootechnicien, à la Société d'Anthropologie et à l'Académie des Sciences.

Les accouplements consanguins sont, à tort, selon M. Sanson, considérés comme dangereux, ainsi que cela résulte de l'histoire même des races domestiques, et notamment de celles que nous appelons perfectionnées. La consanguinité n'a pas été seulement, en effet, dans le perfectionnement de ces races, un simple accident; les habiles éleveurs qui les ont créées ont accouplé leurs animaux en proche parenté, *in and in*, comme disent les Anglais, dans un but parfaitement déterminé.

L'histoire généalogique du cheval anglais de course (horse race) nous montre d'abord, toujours d'après M. Sanson, que bon nombre des plus célèbres vainqueurs du Turf étaient issus d'accouplements consanguins. On accordera que la supériorité dont ils ont fait preuve sur l'hippodrome peut être considérée comme un indice suffisant de leur énergie et de l'excellence de leur constitution. Viennent à l'appui de cette opinion des exemples de coureurs célèbres, entre autres la généalogie empruntée au stud-book anglais, de *chevalier de Saint-Georges*, l'un des vainqueurs du Saint-Léger. Chevalier de Saint-Georges était par Irish-Briedcatcher, sa mère, par Hetman-Platoff, sa grand'mère, Waterwitch par sir Hercules. Briedcatcher était fils de sir Hercules. Ce dernier étalon, à juste titre, célèbre dans les fastes du sport, était donc, d'une part, grand'père, et de l'autre, grand-grand-père du Chevalier-de-Saint-Georges, qui fut vainqueur du Saint-Léger.

Si de l'espèce chevaline il passe à l'espèce bovine, M. Sanson trouve encore des faits non moins significatifs. Charles Colling, créateur de la race courtes-cornes améliorée, profita des rares qualités de *Favourite*, taureau remarquable par son ampleur, la solidité de sa constitution et sa vigueur, pour obtenir la fixation de ses caractères dans la race, en le donnant durant six générations à ses propres filles et petites filles; et loin que ces accouplements consanguins, répétés avec tant de persistance, aient eu pour résultat d'altérer la fécondité, ils remédièrent précisément à l'affaiblissement antérieurement produit en ce sens dans la descendance d'Hubback et de Bonlingbroke, animaux que leur grande aptitude à s'engraisser avait rendus, comme nous savons, peu féconds. C'est avec sa propre mère Phœnix, que Favourite procréa *Comet*, dont la réputation fut telle, dit M. Chamard, qu'en 1810, lors de la vente générale, le prix en fut poussé jusqu'à 26,250 francs.

En France, MM. Louis Massé et de Bouillé, célèbres éleveurs de bêtes bovines de race charolaise, ont fait depuis plus de trente ans un très-fréquent usage des accouplements consanguins; malgré cela la race n'a pas cessé de s'améliorer.

S'élevant ensuite contre la prétention émise par les adversaires du système d'alliance entre membres de la même famille, que les inconvénients de la consanguinité sont moindres pour les races de boucherie, l'affaiblissement du tempérament qui lui est attribué étant précisément favorable à la destination de ces races; M. Sanson cite la petite race bretonne du Morbihan qui ne le cède assurément à aucune autre sous le rapport de la sobriété, de la rusticité, de la vigueur, se reproduit en général par des accouplements consanguins.

Pour les individus de l'espèce ovine, l'observation conduit M. Sanson à des résultats identiques. L'exemple qu'il choisit est la race à laine soyeuse de Mauchamp, qui forme maintenant de nombreux troupeaux purs ou croisés. Voici l'historique de la création de cette race : « Un beau jour, M. Graux vit parmi les agneaux de son troupeau de Mérinos, un agneau qui n'avait pas la laine comme les autres. Au lieu d'être frisée et de former ce que nous appelons une toison fermée et tassée, elle était lisse, brillante, formant des mèches pointues et légèrement ondulées. C'était un Mérinos à laine longue. Eh bien! c'est cet unique agneau qui fut le père de toute la population actuelle des moutons soyeux. Je n'ai pas besoin de dire quel usage dut être fait des accouplements sanguins pour arriver au résultat que nous voyons. On ne comprendrait pas autrement la multiplication des caractères fortuitement développés chez l'agneau mérinos de M. Graux.

» Pourtant, il est certain que cet agneau était chétif et mal conformé. La famille de Mauchamp n'en est pas moins aujourd'hui tout aussi robuste, tout aussi féconde que les autres Mérinos. »

La consanguinité semble fournir, chez l'espèce porcine,

des arguments propres à justifier les reproches des adversaires de ce système ; mais pour M. Sanson, leurs arguments n'ont aucune base solide parcequ'ils s'appuient sur une interprétation fautive de l'observation. Les races porcines anglaises ont été amenées à ce degré de perfectionnement que nous leur connaissons, par des accouplements consanguins ; chez les individus de ces races dont l'aptitude spéciale est de fabriquer économiquement de la graisse, la vitalité est très-médiocre ; ses propriétés prolifiques sont fort limitées. La plus grande partie de leur existence se passe dans le décubitus. On conçoit, dit l'auteur que nous analysons, que les accouplements consanguins, dans ce cas, lorsqu'ils sont effectués au mépris des règles d'une hygiène judicieuse, aient pour conséquence l'infécondité, caractérisée surtout par la cryptorchidie ou absence de testicules apparents.

« En résumé, dit M. Sanson, et sans pousser plus loin les recherches auxquelles l'éleveur des oiseaux de basse-cour, par exemple, pourrait fournir encore une ample moisson de faits, ceux que j'ai cités dans cette note, et qui sont empruntés à l'histoire authentique des races chevalines, bovines, ovines et porcines de l'Angleterre et de la France, autorisent à conclure que pour ce qui concerne au moins les animaux domestiques, les inconvénients attribués à la consanguinité n'ont aucun fondement dans l'observation. »

Tels sont les arguments présentés par M. A. Sanson en faveur de la consanguinité dans la note par lui lue devant deux sociétés savantes. Ce mémoire ayant donné lieu à des observations et à une critique sévère, l'auteur crut devoir soutenir ses opinions ; il a rempli sa tâche avec l'énergie et le talent qui le caractérisent. M. Sanson a-t-il, grâce à ses efforts, converti à ses idées les adversaires de la consanguinité ? Nous lisons la communication faite par M. Magne à l'Académie impériale de médecine, le 12 mai 1863. M. Magne s'est posé les deux questions : Quels sont les effets que la consanguinité produit sur les animaux, et pourquoi ces effets ne sont-ils pas les mêmes que ceux qu'elle produit sur l'homme? Comment pouvons-nous expliquer la nécessité de croiser les familles? La première seule de ces deux questions, et seulement pour une partie, présente de l'intérêt dans son application au sujet dont nous nous occupons; comme nous l'avons fait pour la note de M. Sanson, nous allons analyser la communication de M. Magne.

La consanguinité ne produit des effets sensibles sur les animaux qu'après plusieurs générations consanguines. Les affections produites alors sont des altérations des os remarquées sur les porcs par l'auteur du mémoire et signalées par d'autres sur ces animaux et sur les chiens; des affections tuberculeuses, l'affaiblissement de l'économie animale; l'albinisme qu'on a pu produire à volonté sur les lapins; la stérilité observée sur des familles de chiens et de porcs qui se reproduisent sans croisement. « J'ai vu, dit M. Magne, un arrêt de développement des organes génitaux du mâle sur des porcs multipliés sans croisement à l'Ecole impériale vétérinaire d'Alfort. Les testicules — quelquefois les deux, le plus souvent un seul, — restaient dans l'abdomen. Le même vice de conformation a été observé sur des chevaux de course, avec tendance à se propager par les accouplements consanguins, tandis qu'il a disparu par le croisement des familles. » Des altérations de la nutrition sont aussi déterminées par la consanguinité. Les premières générations de bœuf, de moutons, provenant d'accouplements consanguins, se nourrissent très-bien; les fonctions assimilatrices ne souffrent que lorsqu'une suite d'unions entre parents a altéré l'organisme.

On méconnait souvent les effets de la consanguinité dans les animaux parce que la reproduction entre parents est plus rare dans les espèces domestiques qu'on ne croit généralement. On considère comme se conservant en santé, malgré la consanguinité des bêtes à laine, des bêtes bovines, des chevaux qui, en réalité, se reproduisent par des accouplements croisés. Dans l'espèce ovine, les effets fâcheux de la consanguinité échappent aux yeux des personnes qui observent peu ou imparfaitement. Si, écrit M. Magne, nous réfléchissons qu'ils (les troupeaux) se composent tous de plusieurs centaines d'animaux ; qu'ils ont été primitivement formés de plusieurs familles ; que tous les ans on réforme les animaux dégénérés, pour n'employer à la reproduction que des individus bien constitués, leur conservation cessera de paraître extraordinaire ; ils se conservent par le croisement que le hasard opère entre les familles qui les composent, et par le triage, qui arrête la dégénérescence, avant que les suites de la consanguinité ne deviennent générales.

La consanguinité n'est pas mieux suivie sur les chevaux et sur les bêtes à cornes que sur l'espèce ovine. Dans le Perche, le fermier qui cultive cinquante hectares de terre conserve le meilleur de ses poulains pour étalon. Il lui fait couvrir tous les ans ses sept à huit juments et trente ou quarante qui appartiennent à ses voisins. Ceci se répète de génération en génération, à moins que les poulains qui naissent dans l'exploitation ne vaillent rien. Alors on en achète un autre.

Les choses se passent à peu près de la même manière snr les bêtes bovines. L'auteur nous apprend qu'on importe aussi de temps en temps, mais très-rarement, des taureaux élevés dans les provinces voisines.

« Les résultats obtenus en Angleterre, continue M. Magne, confirment pleinement les observations faites en France. Les éleveurs anglais emploient la consanguinité pour créer, modifier des races, mais ils l'abandonnent aussitôt qu'ils ont fixé les caractères qu'ils veulent faire prédominer, et à mesure que la multiplication des animaux améliorés leur permet d'accoupler des individus d'une parenté de plus en plus éloignée. S'ils en prolongent l'emploi trop longtemps, ce qui arrive quelquefois comme chez nos fermiers, c'est au détriment de la santé de leurs animaux.

» Ainsi, c'est par la consanguinité que les caractères de la race ovine Dishley ont été fixés ; mais tout en rendant ces animaux potelés, bien conformés, Bakwell, le créateur de cette race, les avait tellement affaiblis qu'on croyait, de son temps, que, pour en conserver à lui seul le type, il ne vendait des béliers qu'aprés les avoir rendus malades. »

Les races Dishley et Durham ont beaucoup prospéré depuis qu'elles ont été introduites dans plusieurs comtés et chez un grand nombre d'éleveurs, c'est-à-dire depuis qu'on a pu les multiplier par des accouplements croisés.

Selon M. Magne, les Anglais ont généralement abandonné le système des accouplements entre parents aussitôt qu'ils ont eu des reproducteurs variés d'origine. Les auteurs qui nous ont transmis les caractères d'*Eclipse*, le plus remarquable, sans contredit, des chevaux dont l'histoire ait conservé des détails précis, ont soin de nous apprendre qu'il provenait d'un croisement entre la tribu barbe et la tribu syrienne.

Enfin, il résulte pour l'auteur du *Mémoire* que nous analysons la conviction que les accouplements entre parents ne peuvent être longtemps continués dans les animaux sans produire des résultats nuisibles.

Les citations nombreuses que nous avons empruntées aux travaux des deux zootechniciens qui se sont tout récemment occupés des effets occasionnés chez les espèces animales par la consanguinité nous démontrent que les avis sont encore partagés sur ce point. En effet, pour M. Sanson, nul inconvénient n'est le résultat de la pratique des accouplements consanguins continués ; c'est même, suivant lui, à l'aide de la consanguinité que les races dites améliorées ont été formées et se conservent. M. Magne, au contraire, reconnaît que la consanguinité a conduit à la formation des races améliorées, mais que cette méthode a dû être abandonnée après un certain temps parce qu'elle conduisait les animaux à un affaiblissement tel qu'ils devenaient chétifs et malades. Que conclure de cette divergence d'opinions entre savants ?

C'est que la question, ainsi que nous le disions tout-à-l'heure, n'est pas encore aujourd'hui définitivement résolue ; c'est qu'elle a besoin de recevoir le baptême d'une plus longue expérience. En présence de cet état de chose, l'éleveur doit-il rejeter ce moyen de propagation et d'amélioration des races animales? Non, certes. Il tronve, au contraire, un champ d'études qu'il doit aussi cultiver avec autant de zèle que d'intelligence ; c'est à lui à être prudent dans ses tentatives, se réservant de suivre pour la majorité de ses animaux les règles recommandées dans la pratique de la consanguinité par le plus grand nombre des zootechniciens. Ces précautions sages, que nous allons sommairement énumérer, éviteront à ceux qui les mettront en usage les mauvaises chances auxquelles on s'expose alors que, ne tenant aucun compte des faits consacrés par l'expérience, on se lance, tête baissée, dans le domaine des innovations.

Dans les accouplements consanguins, si l'on veut obtenir du succès, il faut, de toute nécessité, éviter de propager des imperfections de forme, les vices de constitution et les défauts de famille ; ce qui revient à dire que la réussite des alliances consanguines dépend du choix intelligent que l'on fait des reproducteurs.

Quand, à l'aide de la consanguinité, l'éleveur est arrivé à modifier la race dans le sens qu'il désirait, il se trouve bien de croiser entre-elles les familles de cette race ; et pour cela il a reconrs aux individus qui sont au degré de parenté le plus éloigné. On peut maintenir, écrit M. Magne, les animaux en très-bonne santé en croisant seulement les diverses familles de chaque race. A cet effet, les cultivateurs qui sont contents de leurs chevaux, de leurs bœufs, etc., doivent, après chaque génération, pour couvrir les filles des mâles qu'ils mettent à la réforme, acheter des étalons, des taureaux, etc., de la même race, mais d'uue autre famille.

La destination des animaux, le régime auquel ils ont été soumis, le pays dans lequel ils ont été élevés ont une grande influence sur la promptitude avec laquelle se traduisent les résultats des alliances consanguines. De là la difficulté de dire après combien de générations il faut recourir à un autre sang. M. Magne cite un exemple : Des chevaux descendant de la même souche, du même père et de la même mère, dans les marais de la Vendée, et ayant formé deux branches élevées, l'une dans le pays où elle a pris naissance, sous l'influence des causes qui ont produit les parents communs, et l'autre dans une ferme de la Beauce ou du Berri, pourront reproduire ensemble, sans que les suites de la consanguinité soient à craindre après une, deux, trois générations; tandis que, si les deux branches étaient restées dans les mêmes localités ou dans des localités semblables, l'union consanguine pourrait avoir des inconvénients aprés cinq, six générations.

Enfin, pour porter remède à l'influence fâcheuse qui est, à une époque indéterminée, la conséquence de l'emploi des accouplements consanguins, il est toujours prudent d'importer de temps en temps, dans les fortes exploitations agricoles, là où le bétail est nombreux dans toutes les espèces des reproducteurs étrangers à la ferme et sans liens de parenté. De cette manière on change le sang et l'on n'a plus à redouter l'affaiblissement de la constitution, du tempérament, et la prédiposition à contracter certaines maladies. Au reste, cette pratique est le plus ordinairement facile, puisque chaque contrée élève ou entretient les mêmes races de nos espèces animales domestiques; et l'éleveur, dans certaines conditions, qui a fait les premiers frais pour introduire chez lui les éléments nécessaires à l'obtention des améliorations qu'il a en vue ne reculera pas devant les dépenses moindres qu'il lui faudra de temps en temps supporter pour continuer les expériences dont il entrevoit les résultats heureux ou pour conserver les avantages qu'il a déjà obtenus.

BIBLIOTHÈQUE IMPÉRIALE F.N. IMPR.

TABLE DES MATIÈRES.

INTRODUCTION.

1° DE L'ENTRETIEN DES ANIMAUX DOMESTIQUES.

CHAPITRE PREMIER.

DES HABITATIONS.

CHAPITRE DEUXIÈME.

DE L'ALIMENTATION.

CHAPITRE TROISIÈME.

DES SOINS HYGIÉNIQUES.

2° DE L'AMÉLIORATION DES ANIMAUX DOMESTIQUES.

CHAPITRE QUATRIÈME.

Beauvais, Imprimerie d'ACH. DESJARDINS, rue Saint-Jean.

www.ingramcontent.com/pod-product-compliance
Ingram Content Group UK Ltd.
Pitfield, Milton Keynes, MK11 3LW, UK
UKHW021129260726
13994UKWH00001B/60